中外学者
论AI

计算智能方法

宋睿卓 魏庆米 李擎 主编

清华大学出版社
北京

内 容 简 介

本书系统介绍目前常见且应用较为广泛的智能计算方法,主要内容包括各种智能计算方法的基本概念、原理、模型特征和典型应用实例,并提供了最新算例和对应的 Python 或 MATLAB 代码,便于读者加深理解与复现。全书共分为 5 章,第 1 章主要介绍智能计算技术的产生与发展历程,并总结当前智能计算的发展趋势;第 2 章系统详细地讲解进化计算中应用最为广泛和成熟的遗传算法;第 3 章围绕新兴的群智能计算方法,主要研究群智能计算方法中粒子群优化算法和蚁群算法的流程和应用;第 4 章聚焦神经计算,从反向传播神经网络出发,拓展到深度神经网络、卷积神经网络和循环神经网络的算法结构与模型研究;第 5 章对智能计算中迅速发展的前沿交叉学科——机器学习进行详细介绍。

本书的适用对象为自动化、人工智能、智能科学与技术、计算机科学等相关专业的高年级本科生与研究生,也可以作为计算机、人工智能及其相关专业从业人员的自学参考书。

图书在版编目(CIP)数据

计算智能方法/宋睿卓,魏庆来,李擎主编.—北京:清华大学出版社,2023.9
(中外学者论 AI)
ISBN 978-7-302-63775-2

Ⅰ.①计… Ⅱ.①宋… ②魏… ③李… Ⅲ.①智能计算机-计算方法 Ⅳ.①TP387

中国国家版本馆 CIP 数据核字(2023)第 101368 号

责任编辑:王 芳
封面设计:刘 键
责任校对:韩天竹
责任印制:杨 艳

出版发行:清华大学出版社
   网 址:https://www.tup.com.cn,https://www.wqxuetang.com
   地 址:北京清华大学学研大厦 A 座 邮 编:100084
   社 总 机:010-83470000 邮 购:010-62786544
   投稿与读者服务:010-62776969,c-service@tup.tsinghua.edu.cn
   质量反馈:010-62772015,zhiliang@tup.tsinghua.edu.cn
   课件下载:https://www.tup.com.cn,010-83470236
印 装 者:三河市人民印务有限公司
经 销:全国新华书店
开 本:186mm×240mm 印 张:11   字 数:250 千字
版 次:2023 年 11 月第 1 版   印 次:2023 年 11 月第 1 次印刷
印 数:1～1500
定 价:49.00 元

产品编号:094640-01

前言
PREFACE

智能计算是基于传统计算方法发展而来并有别于传统计算方法的计算技术的统称。智能计算是人类受自然界生物群体的客观规律和生物思考、运动等行为的启发而发展起来的包含进化计算、群智能计算、神经计算等诸多算法的计算方法。这些算法多是通过模拟自然界某些物种的特殊功能或自然界的一些特性实现智能计算的目的,并将生物群体的智慧和部分自然规律进行程序化和可执行化,从而设计出具有智能本质的优化算法。

因此,智能计算的本质可以理解为通过模拟生物和自然界智能来求解复杂问题的方法和技术,将特定的问题抽象成数学模型进行描述,并在此基础上综合运用编程、计算和可视化等技术对其中的数据进行知识挖掘和规律整理。

随着计算机技术的飞速发展,大数据时代已经到来,这也使人工智能得以迅速崛起并发展。机器学习正是人工智能研究中的核心内容,也是使计算机实现智能计算的根本途径。目前,机器学习已成为智能计算的一个重要分支与新的发展方向。

本书针对组成智能计算的核心计算方法进行研究,以经典进化计算作为切入点,并根据自然界生物运动行为的启发,拓展到群智能计算与神经计算算法,提供了最新的研究成果。同时,随着人工智能的迅猛发展,本书也对机器学习这一智能计算最新发展方向的不同算法分类与应用实例进行了详细研究与介绍。

考虑目前智能计算算法的广泛应用,本书添加了大量的算法模型实例及相应的 Python 或 MATLAB 代码,并在每章中都介绍了相应算法的最新研究动态,方便读者进行操作与复现,建议读者对本书提供的算例进行进一步的拓展与思考。

本书是编者及其团队的共同心血,感谢团队成员中的邢适、马腾聪、曹槐、陈文泽、卢想,在本书编纂过程中,以上同学参与并协助完成了资料收集、代码整理实现以及文稿校对等工作。

由于编者水平有限,加之时间仓促,书中难免存在不足之处,敬请读者指正。

全书代码

编 者

2023 年 9 月

目 录
CONTENTS

第 1 章　绪论 ………………………………………………………………… 1

　1.1　智能计算概述 ………………………………………………………… 1

　1.2　进化计算 ……………………………………………………………… 1

　1.3　群智能计算 …………………………………………………………… 2

　1.4　神经计算 ……………………………………………………………… 3

　1.5　机器学习 ……………………………………………………………… 3

第 2 章　进化计算中的遗传算法 …………………………………………… 5

　2.1　遗传算法概述 ………………………………………………………… 5

　　2.1.1　遗传算法 ………………………………………………………… 5

　　2.1.2　基本原理图 ……………………………………………………… 5

　　2.1.3　模式定理 ………………………………………………………… 5

　　2.1.4　积木块假设 ……………………………………………………… 6

　　2.1.5　研究进展 ………………………………………………………… 6

　2.2　遗传算法的流程 ……………………………………………………… 6

　　2.2.1　科学定义 ………………………………………………………… 6

　　2.2.2　执行过程 ………………………………………………………… 7

　　2.2.3　基本本质 ………………………………………………………… 7

　　2.2.4　染色体编码 ……………………………………………………… 7

　　2.2.5　群体初始化 ……………………………………………………… 8

　　2.2.6　适应度值评价 …………………………………………………… 8

　　2.2.7　选择算子 ………………………………………………………… 8

　　2.2.8　交叉算子 ………………………………………………………… 9

　　2.2.9　变异算子 ………………………………………………………… 9

　　2.2.10　流程图和伪代码 ……………………………………………… 10

2.3 遗传算法的改进 ·· 10

   2.3.1 算子选择 ·· 10

   2.3.2 参数设置 ·· 11

   2.3.3 混合遗传算法 ······································ 12

   2.3.4 并行遗传算法 ······································ 12

2.4 遗传算法的编码规则 ·· 13

   2.4.1 二进制编码法 ······································ 14

   2.4.2 浮点编码法 ·· 14

   2.4.3 符号编码法 ·· 14

2.5 遗传算法的应用 ·· 15

2.6 遗传算法的相关应用与 MATLAB 算例 ················· 16

   2.6.1 遗传算法实例 1 ···································· 16

   2.6.2 遗传算法实例 2 ···································· 17

2.7 遗传算法总结 ·· 20

第 3 章 群智能计算 ··· 22

3.1 粒子群优化算法 ·· 22

   3.1.1 粒子群优化算法简介 ······························ 22

   3.1.2 粒子群优化算法的基本流程 ······················ 24

   3.1.3 粒子群算法分类 ···································· 26

   3.1.4 粒子群优化算法的改进研究 ······················ 29

   3.1.5 粒子群优化算法的参数设置 ······················ 30

   3.1.6 粒子群优化算法与遗传算法的比较 ················ 32

   3.1.7 粒子群优化算法的相关应用与 MATLAB 算例 ····· 32

3.2 蚁群算法 ··· 35

   3.2.1 蚁群算法的基本原理 ······························ 35

   3.2.2 蚁群算法的算法流程 ······························ 37

   3.2.3 蚁群算法的发展 ···································· 39

   3.2.4 蚁群算法的改进研究 ······························ 41

   3.2.5 蚁群算法的参数设置 ······························ 43

   3.2.6 蚁群算法的应用 ···································· 44

   3.2.7 蚁群算法的相关应用与 MATLAB 算例 ············ 45

   3.2.8 蚁群算法的总结与展望 ···························· 46

第 4 章　神经计算 ·· 49

　4.1　BP 神经网络 ·· 49

　　4.1.1　BP 神经网络的概念 ·· 49

　　4.1.2　BP 神经网络的模型 ·· 49

　　4.1.3　BP 神经网络的特性 ·· 55

　　4.1.4　BP 神经网络的相关应用与 MATLAB 算例 ····················· 57

　　4.1.5　BP 神经网络的算法改进 ·· 58

　4.2　深度神经网络 ··· 64

　　4.2.1　深度神经网络的概念 ·· 64

　　4.2.2　深度神经网络的模型 ·· 65

　　4.2.3　深度神经网络的特性 ·· 73

　　4.2.4　深度神经网络的应用 ·· 74

　　4.2.5　深度神经网络的优化 ·· 75

　4.3　卷积神经网络 ··· 76

　　4.3.1　卷积神经网络的历史和基本概念 ···································· 76

　　4.3.2　卷积神经网络的结构 ·· 77

　　4.3.3　卷积神经网络的应用与 MATLAB 算例 ··························· 80

　　4.3.4　卷积神经网络的最新发展 ·· 82

　4.4　循环神经网络 ··· 94

　　4.4.1　循环神经网络的历史和基本概念 ···································· 95

　　4.4.2　循环神经网络的结构 ·· 95

　　4.4.3　循环神经网络的应用与 MATLAB 算例 ··························· 96

　　4.3.4　循环神经网络的最新发展 ·· 99

第 5 章　机器学习 ·· 112

　5.1　朴素贝叶斯算法 ·· 112

　　5.1.1　朴素贝叶斯算法的基本概念 ··· 112

　　5.1.2　朴素贝叶斯算法的流程与模型 ······································· 114

　　5.1.3　朴素贝叶斯算法的特性与应用场景 ··································· 115

　　5.1.4　朴素贝叶斯算法的相关应用与 MATLAB 算例 ··················· 116

　5.2　决策树 ·· 124

　　5.2.1　决策树的基本概念 ·· 124

　　5.2.2　决策树的构建 ·· 125

5.2.3 决策树的剪枝……………………………………………………… 129

5.2.4 决策树的算法实现…………………………………………………… 130

5.2.5 决策树的相关应用与 MATLAB 算例………………………………… 135

5.3 随机森林 ……………………………………………………………………… 152

5.3.1 随机森林的基本概念………………………………………………… 153

5.3.2 随机森林的构造方法………………………………………………… 155

5.3.3 随机森林的推广……………………………………………………… 157

5.3.4 随机森林的相关应用与 MATLAB 算例………………………………… 161

第 1 章

绪　　论

1.1　智能计算概述

智能计算(Intelligence Computation,IC)是基于传统计算方法发展而来并有别于传统计算方法的计算技术的统称。智能计算主要借助自然界的生物群体客观规律和生物思考、运动等行为的启发,发展起来的包含进化计算、群智能计算、神经计算等诸多算法领域的计算方法。这些算法多是通过模拟自然界某些物种的特殊功能或自然界的一些特性实现智能计算的目的,并将生物群体的智慧和部分自然规律进行程序化和可执行化,从而设计出具有智能本质的优化算法。

因此,智能计算的本质可以理解为通过模拟生物和自然界智能来求解复杂问题的方法和技术,将特定的问题抽象成数学模型进行描述,并在此基础上综合运用编程、计算和可视化等技术对其中的数据进行知识挖掘和规律整理。

随着计算机技术的飞速发展,大数据时代已经到来,这也使得人工智能得以迅速崛起及发展。机器学习(Machine Learning,ML)正是人工智能研究中的核心内容,也是使用计算机实现智能计算的根本途径。目前,机器学习也成为了智能计算的一个重要分支与新的发展方向。

智能计算是涉及数学、物理学、心理学、生理学、神经科学等古老学科和生命科学、认知科学、计算机科学等新兴学科的相互交叉演化的产物。由于智能计算广泛的应用范围和强大的计算与优化能力,目前已在解决复杂工程或社会应用背景的优化问题等领域实现了大规模的应用。

下面主要从智能计算4个主要的分支出发,对智能计算的产生与发展历程进行介绍,并对当前智能计算的发展趋势进行总结。

1.2　进化计算

进化计算是智能计算领域的一个非常重要的分支。其基本思想是通过模拟自然的进化过程求解实际生产生活中的优化问题,符合自然界中"优胜劣汰"的规则。

　　1948 年,英国数学家 Alan Turing 首次提出了进化搜索的算法思想。进一步,在 20 世纪 50 年代后期,生物学家在使用计算机模拟生物的进化遗传过程中,提出了遗传算法(Genetic Algorithms,GA)的概念和基本思想,并由 Holland 教授于 1962 年系统地提出了遗传算法。一年后,德国数学家 I. Rechenberg 和 H. P. Schwefel 提出自然选择是按照确定方式进行,且只有一种进化操作的进化策略(evolutionary strategies)算法。1965 年,美国科学家 Fogel 提出了进化规划(evolutionary programming)算法,这种算法是模仿自然进化原理求解参数优化问题的一种算法,其原理与进化策略相似,但强调自然进化中群体级行为变化,适用于解决目标函数的问题。到 20 世纪 90 年代,随着遗传编程(genetic programming)思想的提出,进化计算作为一个学科被正式提出并被世人所接受,而其与其他智能计算方法相结合的理论与应用研究也得到了机构和学者的重视,也衍生出了诸如 Memetic 算法(全局搜索和局部搜索的混合算法)、差分进化(Differential Evolution,DE)算法、群智能(Swarm Intelligence,SI)计算算法等各种改进方法。目前,进化计算已经成为智能计算中人工智能领域的重要研究方向之一。

1.3　群智能计算

　　基于进化计算的广泛应用和不断发展,科学家将目光继续投到生物界的进化过程中,许多群居性生物(包括蚁群、鸟群、鱼群等)通过协同工作完成了很多个体行为不能完成的复杂行为。随着研究的深入,科学家们通过抽象模拟,设计出了基于群居生物自组织行为的群智能计算仿生优化算法,并在许多领域中得到了广泛实践与应用。

　　美国科学家 Steele 在 1960 年提出了仿生学的概念,即仿生学是模仿生物系统方式,或是具有和类似于生物系统特征方式的系统科学。之后在优化算法的研究领域首先出现了以生物进化过程为模拟对象的算法,如 1.2 节提到的进化策略算法。经过近三十年的发展,在 20 世纪 90 年代,科学家提出了多种理论完善且效果显著的群智能计算算法,包括蚁群算法、粒子群算法、鱼群算法、猫群算法及蛙跳算法等,群智能计算逐渐成为一门独立的科学。

　　蚁群算法是一种用来寻找优化路径的概率型算法。它由 Marco Dorigo 于 1992 年在他的博士论文中提出,其灵感来源于对蚂蚁在群体觅食中寻找食物路径和通信协调机制的研究。这种算法具有分布式协作、信息正反馈和启发式搜索的特征,本质上是进化算法中的一种启发式全局优化算法。通过对多个个体同时进行并行计算,大大提高了算法的计算能力和运行效率,还具有不容易陷入局部最优,易于寻找全局最优解的特点。

　　粒子群算法是通过模拟鸟群觅食行为而发展起来的一种基于群体协作的随机搜索算法,由美国心理学家由 Kennedy 博士和电气科学家 Eberhart 博士共同提出。其灵感来源于对鸟群的捕食行为模拟,即寻找食物的最优策略是通过搜寻离食物最近的鸟的周围区域。

群智能计算具有算法原理简单、参数设置少、优化效果好及上手快等优点,激发了人们持续研究与创新的热情,各种新思想和理念不断涌现。总而言之,群智能计算作为目前最为新颖和前沿的智能计算方法研究方向,具有非常广阔的发展前景,同时,也需要通过在实际问题中的不断验证,来检验其最新拓展研究的应用价值和前景。

1.4 神经计算

自从计算机发明以来,人类就一直尝试利用机器代替人脑进行复杂系统的计算与推理。因此,基于计算机的智能计算方法大量涌现并不断发展,以神经计算为基础的人工神经网络算法由此产生。

早在 1890 年,心理学家 William James 提出了神经细胞激活是细胞所有输入叠加的结果这一猜想,为人工神经网络的提出建立了概念。19 世纪初,意大利解剖学家 Golgi 通过实验,确认了脑神经由多种互相独立并有明确边界的细胞组成,也就是后人所熟知的"神经元"概念。1943 年,心理学家 McCulloch 和逻辑学家 Pitts 提出了神经元的数学描述和结构,并建立了具有逻辑演算功能的人工神经元数理模型,其开创性的工作为人工神经网络结构的研究奠定了坚实的基础,并发展出了更多神经网络模型,诸如感知器和自适应线性元器件等。但 20 世纪 60 年代末,美国著名人工智能专家 Minsky 出版了著作 *Perceptron*,一针见血地指出了感知器功能和处理能力上的局限性,且没有给出能够提高神经元网络处理能力的计算方法,使得神经网络的研究进入低潮期。

1982 年,美国加州理工学院的 Hopfield 教授首次提出了一种新的神经网络模型 Hopfield 网络,并通过引入"能量函数"的概念,开创性地给出了神经网络稳定性的明确判据,并将其应用于优化领域的经典问题——NP-hard,取得了非常好的效果。1986 年,Rumelhart 和 McCelland 教授在多层神经网络模型的基础上提出了一种误差反向传播的多层前馈网络,即 BP 神经网络(Back Propagation Neural Network),成为了最成功且目前应用最广泛的人工神经网络模型之一。从此,神经网络的发展进入了高速发展和实际应用期。

目前,基于神经计算的人工神经网络算法被广泛应用于模式识别、信号处理、知识工程、决策辅助、优化组合、机器人控制等生产生活中的多个领域。随着计算机算力的大幅进化和大数据技术的蓬勃发展,以深度神经网络、卷积神经网络为代表的具有深度学习功能的多层神经网络,更将科学家们对于神经网络的研究热情推向了新的高度。未来,神经网络的发展必将更加广阔,攀登上新的科学高峰。

1.5 机器学习

机器学习是智能计算在计算机领域的一个重要分支,其目的是通过机器的自主学习和经验积累,获得类似人类的复杂信息处理能力,如记忆、感知、识别、推理等。得益于计算机技术的飞速发展和大数据时代的到来,以统计学习为特征的机器学习方法获得了广阔的发展空间。

最初的机器学习与神经计算密切相关。作为人工智能领域内较为年轻的分支,机器学习的发展起源于对人类学习过程的简单模仿。1950 年,Alan Turing 提出了图灵学习机的概念,首次判定了计算机的智能性,为机器学习的发展打下了基础。1952 年,IBM 公司的 Samuel 开发出一个跳棋游戏程序,首次使用了"机器学习"这一术语,并将机器学习定义为可以提供计算能力而无须显式编程的研究领域。

20 世纪 50 年代至 20 世纪 70 年代初,机器学习领域主要集中于研究"没有知识"的学习,也就是通过自适应的方式使系统能够根据待学习内容不断修改调整控制参数,使系统自组织运行,提高系统的执行能力,也就是运用基于符号知识表示的演绎推理技术。这段时间可以被称为机器学习的"推理期"。

20 世纪 70 年代中期至 20 世纪 80 年代,机器学习的发展进入"知识期"。此时计算机科学家普遍放弃了神经网络的研究,业内普遍采取基于符号知识进行机器学习,并通过获取和利用领域知识来建立专家系统。

20 世纪 80 年代末至今,随着 BP 神经网络的出现及其强大的逼近特性逐渐被世人所应用,机器学习的发展进入高速"学习期",出现了两大主流技术,分别采取符号主义和基于神经网络的连接主义进行学习。21 世纪初,随着人们对数据处理需求的不断增长,基于机器学习的深度学习概念被提出并得到迅速发展。深度学习的最终目标是让机器能够像人一样具有分析学习能力,能够识别文字、图像和声音等数据。

机器学习是一门多领域交叉学科,涉及概率论、统计学、逼近论、凸分析、算法复杂度理论等多门学科。在机器学习的训练过程中,算法是训练的核心,不同的学习算法会得到不同的模型,所以算法是机器学习理论研究的重点与热点。机器学习算法主要包括有监督学习、无监督学习、半监督学习、强化学习和深度学习等,通过训练模型的评估和在线测试,并根据实际情况进一步对模型进行再训练,实现机器学习的完整训练过程。

目前,机器学习广泛应用于各种传统和新兴行业领域。包括互联网推荐、智能决策、动态定价、欺诈检测、图像语音识别、信息提取、无人驾驶、智能制造及智能医学等。未来,机器学习与不同行业的结合,会进一步释放行业潜力,重塑我们的生活。

本书后续章节分别介绍了目前应用较为广泛和常见的智能计算方法,主要针对各种智能计算方法的基本概念、原理、模型特征和典型应用实例,并提供了基于 MATLAB 和 Python 的算例,便于读者加深理解。

第 2 章

进化计算中的遗传算法

2.1　遗传算法概述

2.1.1　遗传算法

遗传算法是进化计算的一个分支,是一种模拟自然界生物进化过程的随机搜索算法。

GA 思想源于自然界"自然选择"和"优胜劣汰"的进化规律,通过模拟生物进化中的自然选择和交配变异寻找问题的全局最优解。它最早由美国密歇根大学教授 John H. Holland 提出,现在已经广泛应用于各种工程领域的优化问题之中。

2.1.2　基本原理图

图 2.1 描述的是遗传算法的基本原理。

传统的生物遗传进化过程和遗传算法之间有着类比关系。

(1)生物遗传进化:群体→种群→染色体→基因→适应能力→交配→变异→进化结束。

(2)遗传算法:搜索空间的一组有效解→选择得到的新群体→可行解的编码串→染色体的一个编码单元→染色体的适应值→染色体交换部分基因得到新染色体→染色体某些基因的数值改变→算法结束。

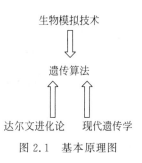

图 2.1　基本原理图

2.1.3　模式定理

Holland 提出的模式定理主要涉及以下 3 个概念。

(1)模式:指群体中编码的某些位置具有相似结构的染色体集合。

(2)模式的阶:指模式中具有确定取值的基因个数。

(3)模式的定义长度:指模式中第一个具有确定取值的基因到最后一个具有确定取值

的基因的距离。

Holland 的模式定理提出，遗传算法的实质是通过选择（selection）、交叉（crossover）和变异（mutation）算子对模式进行搜索，低阶、定义长度较小且平均适应度值高于群体平均适应度值的模式在群体中的比例将呈指数级增长，即随着进化的不断进行，较优染色体的个数将快速增加。

2.1.4　积木块假设

积木块是指低阶、定义长度较小且平均适应度值高于群体平均适应度值的模式。

积木块假设认为在遗传算法运行过程中，积木块在遗传算子的影响下能够相互结合，产生新的更加优秀的积木块，最终接近全局最优解。

2.1.5　研究进展

目前，遗传算法的研究重心集中在算法性能、混合算法、并行算法及算法应用等方面。图 2.2 描述的是遗传算法的研究方向。

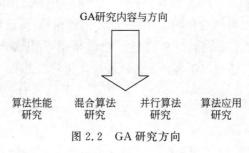

图 2.2　GA 研究方向

2.2　遗传算法的流程

2.2.1　科学定义

遗传算法是模拟达尔文生物进化论的自然选择和遗传学机理的生物进化过程的计算模型，是一种通过模拟自然进化过程搜索最优解的方法。遗传算法的优点如下。

（1）直接对结构对象进行操作，不存在求导和函数连续性的限定。

（2）具有内在的隐并行性和更好的全局寻优能力。

（3）采用概率化的寻优方法，不需要确定的规则就能自动获取和指导优化的搜索空间，自适应地调整搜索方向。

遗传算法以一种群体中的所有个体为对象，并利用随机化技术对一个被编码的参数空间进行高效搜索。其中，选择、交叉和变异构成了遗传算法的遗传操作；参数编码、初始群体的设定、适应度函数的设计、遗传操作设计、控制参数设定五个要素组成了遗传算法的核心内容。

2.2.2　执行过程

遗传算法是从代表问题可能潜在的解集的一个种群（population）开始的，而一个种群则由经过基因（gene）编码的一定数目的个体（individual）组成。每个个体实际上是染色体（chromosome）带有特征的实体。染色体作为遗传物质的主要载体，即多个基因的集合，其内部表现（即基因型）是某种基因组合，它决定了个体形状的外部表现，如黑头发的特征是由染色体中控制这一特征的某种基因组合决定的。因此，在一开始需要实现从表现型到基因型的映射即编码工作。由于仿照基因编码的工作很复杂，所以需要使用二进制编码等进行简化。

初代种群产生之后，按照适者生存和优胜劣汰的原理，逐代（generation）演化产生越来越好的近似解。在每一代，根据问题域中个体的适应度（fitness）大小选择个体，并借助自然遗传学的遗传了（genetic operator）进行组合交叉和变异，产生出代表新的解集的种群。

这个过程将导致种群像自然进化一样的后生代种群比前代更加适应于环境，末代种群中的最优个体经过解码（decoding），可以作为问题近似最优解。

2.2.3　基本本质

遗传算法是一类可用于复杂系统优化的具有鲁棒性的搜索算法。作为一种快捷、简便、容错性强的算法，遗传算法在各类结构对象的优化过程中显示出明显的优势。与传统的优化算法相比，遗传算法主要有以下特点。

（1）搜索过程不直接作用在变量上，而是作用于已编码的个体。此编码操作使遗传算法可直接对结构对象（集合、序列、矩阵、树、图、链和表）进行操作。

（2）搜索过程是从一组解迭代到另一组解，采用同时处理群体中多个个体的方法，降低了陷入局部最优解的可能性，并易于并行化。

（3）采用概率的变迁规则指导搜索方向，而不采用确定性搜索规则。对搜索空间没有任何特殊要求（如连通性、凸性等），只利用适应性信息，不需要导数等其他辅助信息，适应范围更广。

（4）遗传算法直接以适应度作为搜索信息，无须导数等其他辅助信息。

（5）遗传算法使用多个点的搜索信息，具有隐含并行性。

（6）遗传算法使用概率搜索技术，而非确定性规则。

（7）遗传算法以决策变量的编码作为运算对象。

2.2.4　染色体编码

目前几种常用的编码技术有二进制编码、浮点数编码、字符编码、编程编码等。二进制编码是遗传算法中最常见的编码方法,即由二进制字符集 $\{0,1\}$ 产生通常的 0、1 字符串来表示问题的候选解。

例如,假设对在 $[U_{min}, U_{max}]$ 之间的十进制数进行二进制编码,则可通过图 2.3 所示的编码方式。

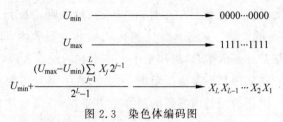

图 2.3　染色体编码图

2.2.5　群体初始化

一般情况下,遗传算法在群体初始化阶段采用的是随机数初始化方法,采用生成随机数的方法,对染色体的每一维变量进行初始化赋值。初始化染色体时必须注意染色体是否满足优化问题对有效解的定义。

如果在进化开始时保证初始群体已经是一定程度上的优良群体,将能够有效提高算法找到全局最优解的能力。

2.2.6　适应度值评价

评估函数用于评估各个染色体的适应度值,进而区分优劣。评估函数常常根据问题的优化目标来确定,比如在求解函数优化问题时,问题定义的目标函数可以作为评估函数的原型。

在遗传算法中,规定适应度值越大的染色体越优。因此对于一些求解最大值的数值优化问题,可以直接套用问题定义的函数表达式。但是对于其他优化问题,问题定义的目标函数表达式必须经过一定的变换。

2.2.7　选择算子

遗传算法中常用的选择算子包括轮盘选择、二进制锦标赛、线性排序和指数排序。基本遗传算法一般采用轮盘选择,图 2.4 给出了轮盘选择的流程。

轮盘选择算子首先根据群体中每个染色体的适应值得到群体所有染色体的适应值总和,并分别计算每个染色体适应值与群体适应值总和的 P_i。其次假设一个具有 N 个扇区的轮盘,每个扇区对应群体中的一个染色体,扇区的大小与对应染色体的 P_i 值成正比关系。

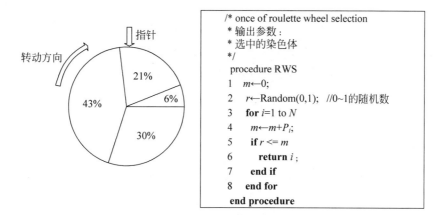

指针

转动方向

21%
6%
43%
30%

```
/* once of roulette wheel selection
 * 输出参数：
 * 选中的染色体
 */
 procedure RWS
1    m←0;
2    r←Random(0,1);   //0~1的随机数
3    for i=1 to N
4       m←m+P_i;
5       if r <= m
6          return i;
7       end if
8    end for
 end procedure
```

图 2.4　轮盘选择图

2.2.8　交叉算子

在染色体交叉阶段,每个染色体能否进行交配由交叉概率 P_c(一般取值为 0.4~0.99)决定,其具体过程为:对于每个染色体,如果 Random(0,1)小于 P_c,其中 Random(0,1)为[0,1]间均匀分布的随机数,则表示该染色体可进行交叉操作,否则染色体不参与交叉直接复制到新种群中。

每两个按照 P_c 交叉概率选择出来的染色体进行交叉,经过交换各自的部分基因,产生两个新的子代染色体。具体操作是随机产生一个有效的交叉位置,染色体交换位于该交叉位置后的所有基因。图 2.5 描述的是染色体交叉图。

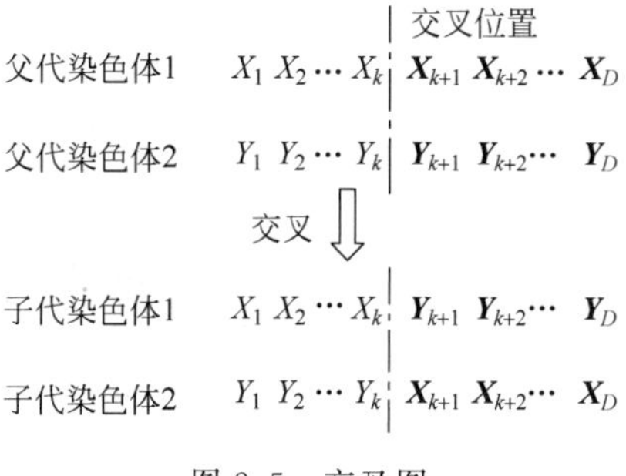

交叉位置

父代染色体1　　$X_1\ X_2\cdots X_k$　$\boldsymbol{X}_{k+1}\ \boldsymbol{X}_{k+2}\cdots \boldsymbol{X}_D$

父代染色体2　　$Y_1\ Y_2\cdots Y_k$　$\boldsymbol{Y}_{k+1}\ \boldsymbol{Y}_{k+2}\cdots \boldsymbol{Y}_D$

交叉

子代染色体1　　$X_1\ X_2\cdots X_k$　$\boldsymbol{Y}_{k+1}\ \boldsymbol{Y}_{k+2}\cdots \boldsymbol{Y}_D$

子代染色体2　　$Y_1\ Y_2\cdots Y_k$　$\boldsymbol{X}_{k+1}\ \boldsymbol{X}_{k+2}\cdots \boldsymbol{X}_D$

图 2.5　交叉图

2.2.9　变异算子

染色体的变异作用在基因上,对于交叉后新种群中染色体的每一位基因,根据变异概率 P_m 判断该基因是否进行变异。

Random(0,1)为[0,1]间均匀分布的随机数,如果 Random(0,1)小于 P_m,则改变该基因的取值,否则该基因不发生变异,保持不变。图 2.6 描述的是染色体变异。

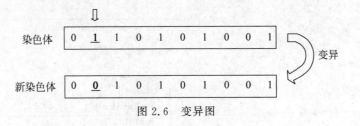

图 2.6 变异图

2.2.10 流程图和伪代码

图 2.7 描述的是染色体从选择到变异的流程以及选择的算法流程。

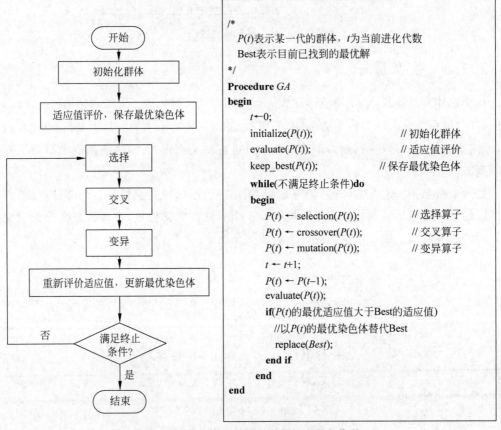

图 2.7 染色体从选择到变异的流程和代码

2.3 遗传算法的改进

2.3.1 算子选择

遗传算法的改进主要体现在算子选择上,遗传算法的算子主要包括以下几种。

(1) 选择算子：适应值比例模型、最佳个体保存模型、排挤模型、期望值模型、随机锦标赛模型、排序模型、确定性采样、无回放余数随机采样。

(2) 交叉算子：多点交叉算子、部分匹配交叉算子、顺序交叉算子、循环交叉算子、边重组交叉算子、边集合交叉算子、两点交叉算子、均匀交叉算子、算术交叉算子、单性孢子交叉算子。

(3) 变异算子：边界变异算子、高斯变异算子、非均匀变异算子。

2.3.2　参数设置

(1) 群体规模 N：影响算法的搜索能力和运行效率。若 N 设置较大，一次进化所覆盖的模式较多，可以保证群体的多样性，从而提高算法的搜索能力，但是由于群体中染色体的个数较多，势必增加算法的计算量，降低了算法的运行效率。若 N 设置较小，虽然降低了计算量，但是同时降低了每次进化中群体包含更多较好染色体的能力。N 一般设置为 $20\sim100$。

(2) 染色体长度 L：影响算法的计算量和交配变异操作的效果。L 的设置跟优化问题密切相关，一般由问题定义的解的形式和选择的编码方法决定。对于二进制编码方法，染色体的长度 L 根据解的取值范围和规定精度要求选择大小。对于浮点数编码方法，染色体的长度 L 跟问题定义的解的维数 D 相同。基本上染色体长度会遵循一定的编码方法，Goldberg 等还提出了一种变长度染色体遗传算法 Messy GA，其染色体的长度并不是固定的。

(3) 基因取值范围 R：由采用的染色体编码方案而定。对于二进制编码方法，$R=\{0,1\}$，而对于浮点数编码方法，R 与优化问题解的取值范围相同。

(4) 交叉概率 P_c：决定了进化过程种群参加交叉的染色体平均数目。取值一般为 $0.4\sim0.99$。也可采用自适应方法调整算法运行过程中的交叉概率。

(5) 变异概率 P_m：增加群体进化的多样性，决定了进化过程中群体发生变异的基因平均个数。P_m 的值不宜过大。因为变异对已找到的较优解具有一定的破坏作用，如果 P_m 的值太大，可能会导致算法目前的较好的搜索状态倒退回原来较差的情况。P_m 的取值一般为 $0.001\sim0.1$，也可采用自适应方法调整算法运行过程中的 P_m 值。

(6) 适应度值评价：影响算法对种群的选择，合适的评估函数应该能够对染色体的优劣做出合适的区分，保证选择机制的有效性，从而提高群体的进化能力。评估函数的设置同优化问题的求解目标有关。评估函数应满足较优染色体的适应值较大的规定。为了更好地提高选择的性能，可以对评估函数做出一定的修正。目前主要的评估函数修正方法有线性变换、乘幂变换和指数变换等。

(7) 终止条件：决定算法何时停止运行，输出找到的最优解。采用何种终止条件与具体问题的应用有关。终止条件可以使算法在达到最大进化代数时停止，最大进化代数一般可设置为 100～1000,根据具体问题可对该建议值做相应的修改;也可以通过考察找到的当前最优解是否达到误差要求来控制算法的停止;或者是算法在持续很长的一段进化时间内所找到的最优解没有得到改善时,停止算法。

2.3.3 混合遗传算法

混合遗传算法是一种非常有效的优化算法,它利用遗传算法和其他有效的优化技术来搜索高质量的最优解。因此,混合遗传算法可用于优化复杂的实际问题,特别是那些无法直接使用标准遗传算法进行优化的问题。近些年来,混合遗传算法在优化理论方面受到了越来越多的关注。

混合遗传算法是一种混合优化算法,它将两个不同的优化算法结合在一起,因此它可以从一种优化算法中获得灵活性,从另一种优化算法中获得强大的搜索性能。两个典型的混合遗传算法分别是遗传算法和模拟退火算法之间的混合算法,以及遗传算法和粒子群算法之间的混合算法。

虽然遗传算法具有良好的搜索性能,但是它也有一些缺点,如低收敛速度,结果容易陷入局部最优解,它过于依赖随机性,因此收敛性较差。但模拟退火算法具有良好的收敛性能,但它也有它自己的缺点,如极限搜索性能较差,容易陷入停滞状态,尤其是在遇到非凸优化问题时,它在解决问题中有一定的局限性。

为了克服这些缺点,混合遗传算法的出现是一个很好的选择。一般来说,混合遗传算法的工作流程如下。首先,利用遗传算法从原初解空间中生成一组初始解;其次,从这组初始解中,按照给定的进化策略,交叉和变异形成新一代解;最后,用另一种优化算法对最后一代解进行精调,最终得到一个非常有效的最优解。

混合遗传算法在优化理论方面有着巨大的应用前景。它可以解决复杂的实际问题,如模式识别、工程设计、系统优化、机器学习等。典型的应用包括仿真优化、工程设计优化以及航空机应力及耐久性优化等。

2.3.4 并行遗传算法

并行遗传算法有两种计算方法:分解并行方法、标准型并行方法。

并行计算包括单指令流多数据流计算机、多指令流多数据流计算机、并行计算网络。串行计算是指单指令流单数据流处理器。图 2.8 和图 2.9 分别描述的是标准并行方法网络和分解并行方法网络。

在图 2.9 中,子群体进化信息交换时需要注意以下问题,即交换的时间、交换的方式、交换的内容。

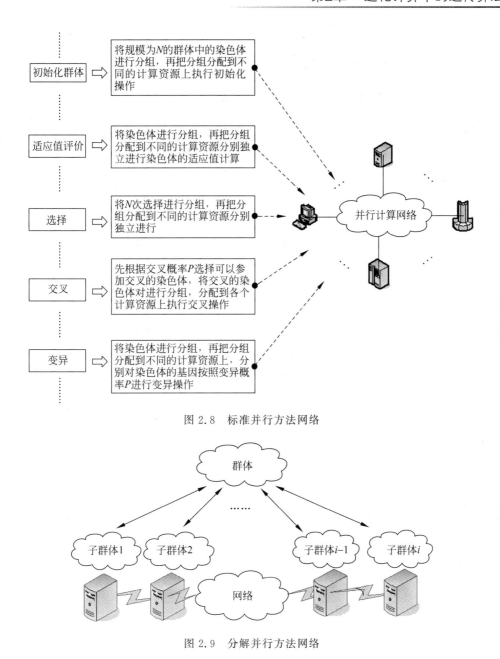

图 2.8 标准并行方法网络

图 2.9 分解并行方法网络

2.4 遗传算法的编码规则

编码是应用遗传算法时要解决的首要问题,也是设计遗传算法时的一个关键步骤。编码方法影响到交叉算子、变异算子等遗传算子的运算方法,很大程度上决定了遗传进化的效率。迄今为止人们已经提出了许多种不同的编码方法。总体来说,这些编码方法可以分为三大类:二进制编码法、浮点编码法、符号编码法。

2.4.1　二进制编码法

就像人类的基因有 AGCT 4 种碱基序列一样,遗传算法采用了 0 和 1 两种碱基,然后将它们串成一条链形成染色体。染色体的一位能表示 2 种状态的信息量,因此足够长的二进制染色体便能表示所有的特征,这便是二进制编码。二进制编码是由二进制符号 0 和 1 所组成的二值符号集。它具有以下优点。

(1) 编码、解码操作简单易行。

(2) 交叉、变异等遗传操作便于实现。

(3) 符合最小字符集编码原则。

(4) 可以利用模式定理对算法进行理论分析。

二进制编码的缺点是:对于一些连续函数的优化问题,由于其随机性使其局部搜索能力较差,如对于一些高精度的问题,当解迫近于最优解后,由于其变异后表现形式变化很大,不连续,所以会远离最优解,达不到稳定。

2.4.2　浮点编码法

二进制编码虽然简单直观,但是存在连续函数离散化时的映射误差。个体长度较短时,可能达不到精度要求,而个体编码长度较长时,虽然能提高精度,但增加了解码的难度,使遗传算法的搜索空间急剧扩大。

所谓浮点法,是指个体的每个基因值用某一范围内的一个浮点数表示。在浮点数编码方法中,必须保证基因值在给定的区间限制范围内,遗传算法中所使用的交叉、变异等遗传算子也必须保证其运算结果所产生的新个体的基因值也在这个区间限制范围内,例如,1.2-3.2-5.3-7.2-1.4-9.7。浮点数编码方法有以下优点。

(1) 适用于在遗传算法中表示范围较大的数。

(2) 适用于精度要求较高的遗传算法。

(3) 便于较大空间的遗传搜索。

(4) 改善了遗传算法的计算复杂性,提高了运算效率。

(5) 便于遗传算法与经典优化方法的混合使用。

(6) 便于处理复杂的决策变量约束条件。

2.4.3　符号编码法

符号编码法是指个体染色体编码串中的基因值取自一个无数值含义而只有代码含义的

符号集,如{A,B,C,…}。符号编码的主要优点如下。

(1) 符合有意义积木块编码原则。

(2) 便于在遗传算法中利用所求解问题的专门知识。

(3) 便于遗传算法与相关近似算法之间的混合使用。

2.5　遗传算法的应用

由于遗传算法的整体搜索策略和优化搜索方法在计算时不依赖梯度信息或其他辅助知识,而只需要影响搜索方向的目标函数和相应的适应度函数,所以遗传算法提供了一种求解复杂系统问题的通用框架,它不依赖于问题的具体领域,对问题的种类有很强的鲁棒性,所以广泛应用于许多领域,下面将介绍遗传算法的一些主要应用领域。

函数优化是遗传算法的经典应用领域,也是遗传算法进行性能评价的常用算例,目前已构造出了各种各样复杂形式的测试函数:连续函数和离散函数,凸函数和凹函数,低维函数、高维函数、单峰函数和多峰函数等。对于一些非线性、多模型、多目标的函数优化问题,用其他优化方法较难求解,利用遗传算法则可以方便地得到较好的结果。

随着问题规模的增大,组合优化问题的搜索空间也急剧增大,有时在目前的计算上用枚举法很难求出最优解。对这类复杂的问题,人们已经意识到应该把主要精力放在寻求满意解上,而遗传算法是寻求这种满意解的最佳工具之一。实践证明,遗传算法对于组合优化中的 NP 问题非常有效。例如遗传算法已经在求解旅行商问题(Travelling Salesman Problem,TSP)、背包问题、工作日程安排、试题组卷问题、装箱问题及图形划分问题等方面取得成功的应用。

利用遗传算法还可以求解最优化问题。首先对可行域行编码(一般采用二进制编码),然后在可行域中随机挑选一些编码组作为进化起点的第一代编码组,并计算每个解的目标函数值,也就是编码的适应度。利用选择机制从编码组中随机挑选编码作为繁殖过程前的编码样本。选择机制应保证适应度较高的解能够保留较多的样本,而适应度较低的解保留较少的样本,甚至被淘汰。在接下来的繁殖过程中,遗传算法提供了交叉和变异两种算子对挑选后的样本进行交换。交叉算子交换随机挑选的两个编码的某些位,变异算子则对一个编码中的随机挑选的某一位进行反转,这样通过选择和繁殖就产生了下一代编码组。重复上述选择和繁殖过程,直到结束条件得到满足为止。进化过程最后一代中的最优解就是用遗传算法解最优化问题所得到的最终结果。

此外,遗传算法也在生产调度问题、自动控制、机器人学、图像处理、人工生命、遗传编码和机器学习等方面获得了广泛的运用。

2.6 遗传算法的相关应用与 MATLAB 算例

2.6.1 遗传算法实例 1

对于函数 $y = \sin x + x\cos x$，求该函数在 $[0, 2\pi]$ 上的最大值。首先需要画出函数的图像，如图 2.10 所示。

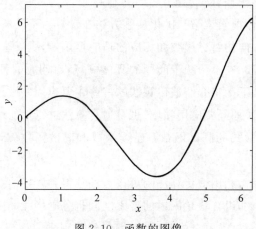

图 2.10 函数的图像

1. 编码

几乎所有的实际问题转化成函数后都无法画出图像，这里只是为了便于观察提供了画图，解决问题的第一步就是编码，该问题中只有一个变量 x 需要编码。

假设编码长度为 5，即将求解区间划分为 10^5 份，但是要注意第一份是 0，而不是 1，长度越长精度越高。

解码的方式非常简单，例如，基因 12345 对应的 x 就是 $12345 \div 99999 \times (2\pi - 0) + 0 \approx 0.7757$。可以明显看出，基因 00000 代表 $x = 0$，99999 代表 $x = 2\pi$。连续型问题的编码大多采取这样的方式。离散型问题的编码需要根据具体的问题进行设计，编码设计的优劣直接影响算法最终的结果。

离散型问题的编码也很常见，如 TSP 问题、NP 问题等决策型的实际问题大多都需要使用离散型编码，一般在基础阶段不会做深入深究，故此处不多做介绍。

2. 交叉

交叉是遗传算法中一个非常重要的操作，其优劣影响算法的收敛速度。假设需要交叉的基因为 12345 与 66666，则断点随机取 3，将第三个位置之后的序列交换生成两个新解：12366 与 66645。断点的选取应满足均匀分布。

3. 变异

变异是遗传算法中另一个重要的操作，其优劣影响算法的最终结果与全局最优的接近程度。假设满足变异条件的基因为 66666,则当变异点随机取 2 时,将第二个位置处的值随机替换,生成一个新解 60666,这个 0 的生成与变异点的选取应该满足均匀分布。变异成 68666 也是可以的,且这两个出现的期望应该相等。

4. 自然选择

通常来说,自然选择包括轮盘选择法和排名法。

轮盘选择法是通过每个个体与总体的适应度占比来衡量其优劣,比值越大越不容易被淘汰,当然轮盘选择法的算法复杂度也相对较高:

$$P_i = F_i \div \sum_{i=1}^{N} F_i$$

排名法通过每个个体的适应度排名进行计算,排名越靠前越不容易被淘汰,排名法的算法复杂度相对较低:

$$P_i = R_i \div N$$

或

$$P = (R_i - 1) \div N$$

其中,P_i 是第 i 个个体被淘汰的概率,F_i 是第 i 个个体的适应度,R_i 是第 i 个个体的适应度排名,N 是种群个体数。遗传原型中使用的是轮盘选择法,但该方法除了计算快之外缺点太多,故推荐使用排名法。即适应度排名越靠后,其被淘汰的概率越高。图 2.11 描述的是遗传算法下的最大值。

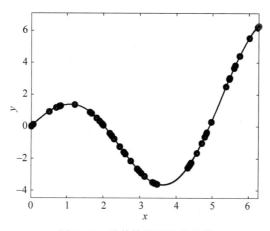

图 2.11　遗传算法下的最大值

2.6.2　遗传算法实例 2

对于一个实际问题应用遗传算法寻求最优解的基本思想是:首先将问题的候选解进行编码,经过编码后的候选解称为个体,许多候选解的编码(个体)组成的候选解群称为群体,对这样的群体像生物进化那样进行选择、交叉和变异的操作,产生新一代群体。在每一代群体中,保持个体数目为定值,且对各个个体通过适应度函数值的计算对其进行评价,其中的交叉和变异操作是为了保证得到具有全局最优的解。遗传算法每完成一次这样的操作称为"一代",经过若干代的进化,即可以得到问题的最优解。

习惯把 Holland 在 1975 年提出的遗传算法称为传统的遗传算法。它的主要步骤如下。

(1) 编码:遗传算法在进行搜索之前先将解空间的解数据表示成遗传空间的基因型串结构数据,这些串结构数据的不同组合便构成了不同的点。

(2) 初始群体的形成:随机产生 N 个初始串结构数据,每个串数据结构称为一个个体,N 个个体构成了一个群体。遗传算法以这 N 个串数据结构作为初始点开始迭代。

(3) 适应度值评估检测:适应度函数表明个体或解的优劣性。对不同的问题,适应度函数的定义方式也不同。

(4) 选择:根据适者生存原则选择下一代的个体。在选择时,以适应度为选择原则。选择的目的是从当前群体中选出优良的个体,使它们有机会作为父代为下一代繁殖子孙。进行选择的原则是适应性强的个体为下一代贡献一个或多个后代的概率大。选择体现了达尔文的适者生存原则。

(5) 交叉:交叉操作是遗传算法中最主要的遗传操作。通过交叉操作可以得到新一代个体。对于选用于繁殖下一代的个体,随机地选择两个个体的相同位置,按交叉概率在选中的位置实行交换。这个过程反映了随机信息交换的目的是产生新的基因组合,也即产生新的个体。交叉时,可实行单点交叉或多点交叉。

(6) 变异:变异首先在群体中随机选择一个个体,对于选中的个体以一定的概率随机地改变串结构数据中某个串的值。根据生物遗传中基因变异的原理,以变异概率 P_m 对某些个体的某些位执行变异。在变异时,对执行变异的串的对应位求反,即把 1 变为 0,把 0 变为 1。变异概率 P_m 与生物变异极小的情况一致,所以,P_m 的取值较小。变异不能在求解中得到好处。但是,它能保证算法过程不会产生无法进化的单一群体。因为在所有的个体一样时,交叉是无法产生新的个体的,这时只能靠变异产生新的个体。也就是说,变异增加了全局优化的特质。

(7) 全局最优收敛(convergence to the global optimum):当最优个体的适应度达到给定的阈值,或者最优个体的适应度和群体适应度不再上升时,则算法的迭代过程收敛,算法结束。否则,用经过选择、交叉和变异得到的新一代群体取代上一代群体,并返回到选择操作处继续循环执行。

遗传算法的基本算法流程如图 2.12 所示。

上述过程中选择、交叉及变异是基本的遗传算子,其算子的实现是多种多样的。近年来,不同的遗传基因表达方式、不同的交叉和变异算子以及不同的再生和选择方法正在不断地提出,都可以改进 GA 的某些性能。其中串的编码方式、适应函数的确定及遗传算法自身

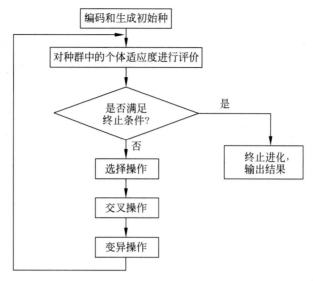

图 2.12　遗传算法的基本算法流程图

参数的设定是遗传算法在应用中最关键的问题。

【例 2-1】　$\max f(x) = 32x - x^2, x \in [0, 32], x \in Z$。

解：对于对象 X，随机产生 8 个初始值，设得到 4 个值：6、13、20、29，用二进制进行编码：

$$6 = (00110)_2, \quad 13 = (01101)_2, \quad 20 = (10100)_2, \quad 29 = (11101)_2$$

则称

$$P_i = \frac{f(x_i)}{\dfrac{1}{n} \sum\limits_{k=1}^{m} f(x_k)}$$

为个体 x_i 的相对适应度。

根据表 2.1 所示的初始群体的编码，可以看到 $f(29)$ 的适应度最低，$f(13)$ 的适应度最高，所以取消 $f(29)$ 重新得到表 2-2 所示新群体的编码表。

表 2.1　初始群体的编码表

个 体 群 体	初 始 群 体	x_i	$f(x_i)$	p_i
1	00110	6	156	0.855
2	01101	13	247	1.353
3	10100	20	240	1.351
4	11101	29	87	0.476

表 2.2　新群体的编码表

个体群体	初始群体	x_i	$f(x_i)$	p_i
1	00110	6	156	0.855
2	01101	13	247	1.353
3	10100	20	240	1.351

注意：如果没有产生新个体，则可以依照生物学杂交方法，对染色体(字符串)的某些片段进行交叉换位。交叉换位是在成对染色体上采用随机法进行配对，例如将 1 号与 2 号、3 号与 4 号进行配对。

先使用随机法确定字符串上交叉换位的位置，如图 2.13 所示，再根据遗传算法模仿基因突变将个体字符串中的某位符号进行逆变即 0 变为 1，1 变为 0。

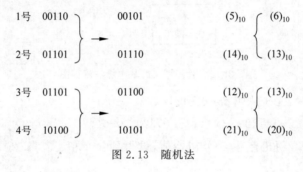

图 2.13　随机法

2.7　遗传算法总结

遗传算法研究的兴起是在 20 世纪 80 年代末和 90 年代初期，但它的历史起源可追溯至 20 世纪 60 年代初期。早期的研究以对自然系统的计算机模拟为主。如 Fraser 的模拟研究，他提出了和现在的遗传算法十分相似的概念和思想。Holland 和 DeJong 的创造性研究成果改变了早期遗传算法研究的无目标性以及缺乏理论指导的情况。其中，Holland 在 1975 年出版的著名著作《自然系统和人工系统的适配》中系统地阐述了遗传算法的基本理论和方法，并提出了对遗传算法的理论研究和发展极为重要的模式理论。这一理论首次确认了结构重组遗传操作对于获得隐并行性的重要性。同年，DeJong 的重要论文《遗传自适应系统到的行为分析》将 Holland 的模式理论与他的计算实验结合起来，并提出了诸如代沟等新的遗传操作技术。可以认为，DeJong 所做的研究工作是遗传算法发展过程中的一个里程碑。进入 20 世纪 80 年代，遗传算法迎来了兴盛发展时期，无论是理论研究还是应用研究都成了十分热门的课题。尤其是遗传算法的应用领域也不断扩大。目前遗传算法所涉及的主要领域有自动控制、规划设计、组合优化、图像处理、信号处理、人工生命等。

进入 20 世纪 90 年代，遗传算法的应用研究显得格外活跃，其应用领域逐步扩大，利用遗传算法进行优化和规则学习的能力也有了显著提高，同时产业应用方面的研究也在摸索之中。此外一些新的理论和方法在应用研究中也得到了迅速的发展,这些都给遗传算法增添了新的活力。遗传算法的应用研究已从初期的组合优化求解扩展到了许多更新、更工程化的应用方面。遗传算法还有大量的问题需要研究,需要进一步研究其数学基础理论,在理论上证明其技术上的优势;同时需要研究硬件化的遗传算法以及遗传算法的通用编程和形式等。

第3章

群智能计算

3.1 粒子群优化算法

3.1.1 粒子群优化算法简介

粒子群优化(Particle Swarm Optimization,PSO)算法是进化计算的一个分支,是一种模拟自然界的生物活动的随机搜索算法,又称为粒子群算法、微粒群算法或微粒群优化算法。通常认为 PSO 算法是智能算法的一种,也可以归类为多主体优化系统(Multiagent Optimization System,MAOS)。

PSO 算法模拟了自然界鸟群捕食和鱼群捕食的过程。通过群体中的协作寻找到问题的全局最优解。它在 1995 年由美国学者 Eberhart 和 Kennedy 提出,现在已经广泛应用于各种工程领域的优化问题。

1. 思想来源

PSO 算法思想的起源主要基于生物界现象和社会心理学,生物界现象包括群体行为、群体迁徙、生物觅食等;社会心理学包括群体智慧、个体认知、社会影响等。

PSO 算法是 Kennedy 和 Eberhart 受人工生命研究结果的启发、通过模拟鸟群觅食过程中的迁徙和群聚行为而提出的一种基于群体智能的全局随机搜索算法,自然界中各种生物体均具有一定的群体行为,而人工生命的主要研究领域之一是探索自然界生物的群体行为,从而在计算机上构建其群体模型。自然界中的鸟群和鱼群的群体行为一直是科学家的研究兴趣,生物学家 Craig Reynolds 在 1987 年提出了一个非常有影响的鸟群聚集模型,在他的仿真中,每一个个体遵循:

(1)避免与邻域个体相冲撞;

(2)匹配邻域个体的速度;

(3)飞向鸟群中心,且整个群体飞向目标。

仿真中仅利用上面三条简单的规则,就可以非常接近地模拟出鸟群飞行的现象。1995

年,美国社会心理学家 James Kennedy 和电气工程师 Russell Eberhart 共同提出了粒子群算法,其基本思想是受对鸟类群体行为进行建模与仿真的研究结果的启发。他们的模型和仿真算法主要对 Frank Heppner 的模型进行了修正,使粒子飞向解空间并在最好解处降落。

2. 算法背景

PSO 算法的基本核心是利用群体中的个体对信息的共享从而使整个群体的运动在问题求解空间中产生从无序到有序的演化过程,从而获得问题的最优解。设想这么一个场景:一群鸟进行觅食,而远处有一片玉米地,所有的鸟都不知道玉米地到底在哪里,但是它们知道自己当前的位置距离玉米地有多远。那么找到玉米地的最佳策略,也是最简单有效的策略就是搜寻目前距离玉米地最近的鸟群的周围区域。

在 PSO 算法中,每个优化问题的解都是搜索空间中的一只鸟,称为“粒子”,而问题的最优解就对应于鸟群寻找的“玉米地”。所有的粒子都具有一个位置向量(粒子在解空间的位置)和速度向量(决定下次飞行的方向和速度),并可以根据目标函数计算当前所在位置的适应度值(fitness value),可以将其理解为距离“玉米地”的距离。在每次的迭代中,种群中的粒子除了根据自身的经验(历史位置)进行学习以外,还可以根据种群中最优粒子的经验进行学习,从而确定下一次迭代时需要如何调整和改变飞行的方向和速度。就这样逐步迭代,最终整个种群的粒子就会逐步趋于最优解。

3. 基本原理

鸟群觅食与 PSO 算法在一定程度上存在着类比关系。

(1) 鸟群觅食现象:鸟群、觅食空间、飞行速度、所在位置、个体认知与群体协作、找到食物。

(2) PSO 算法:搜索空间的一组有效解、问题的搜索空间、解的速度向量、解的位置向量、速度与位置的更新、找到全局最优解。

图 3.1 和图 3.2 分别描述的是鸟群觅食现象以及 PSO 算法。

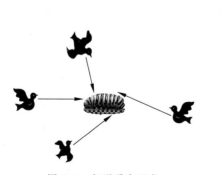

图 3.1 鸟群觅食现象

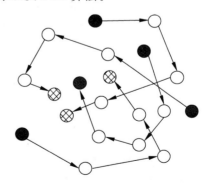

图 3.2 PSO 算法

4. 算法定义

PSO 算法模拟鸟群的捕食行为。一群鸟在随机搜索食物,在这个区域里只有一块食物。所有的鸟都不知道食物在哪里。但是它们知道当前的位置离食物还有多远。那么找到食物的最优策略是什么呢?最简单有效的就是搜寻离食物最近的鸟的周围区域。

根据鸟群的捕食行为模型,PSO 算法得到启示并用于解决优化问题。PSO 算法中,每个优化问题的解都是搜索空间中的一个粒子。所有的粒子都有一个由被优化的函数决定的适应度值,每个粒子还有一个速度决定它们的方向和距离。然后粒子们就追随当前的最优粒子在解空间中搜索。

PSO 算法初始化为一群随机粒子(随机解),通过迭代找到最优解。在每一次迭代中,粒子通过跟踪两个"极值"更新自己。第一个就是粒子本身所找到的最优解,这个解叫作个体极值 pBest,另一个极值是整个种群找到的最优解,这个极值是全局极值 gBest。另外也可以不用整个种群而是用其中一部分最优粒子的邻居,那么在所有邻居中就是局部极值。

应用 PSO 算法解决优化问题的过程中有两个重要的步骤:问题解的编码和适应度函数(fitness function)。PSO 算法的一个优势就是采用实数编码,不需要像遗传算法一样采用二进制编码。

PSO 算法中并没有特别多需要调节的参数,以下列出了常用参数以及经验设置。

(1) 粒子数一般取 20~40。对于大部分的问题,10 个粒子已经足够取得好的结果。对于比较难的问题或者特定类别的问题,粒子数可以取到 100 或 200。

(2) 粒子的长度是由优化问题决定,就是问题解的长度。

(3) 粒子的范围由优化问题决定,每一维可是设定不同的范围。

(4) V_{max} 表示最大速度,决定粒子在一个循环中最大的移动距离,通常设定为粒子的范围宽度。

(5) 学习因子 c_1 和 c_2 一般取值为 2。在其他文献中也有不同的取值,如 c_1 等于 c_2 且范围为 0~4。

(6) 中止条件即最大循环数以及最小错误要求,中止条件由具体的问题确定。

(7) 全局 PSO 和局部 PSO,前者速度快不过有时会陷入局部最优,后者收敛速度慢一点不过很难陷入局部最优。在实际应用中,可以先用全局 PSO 找到大致的结果,再用局部 PSO 进行搜索。

3.1.2 粒子群优化算法的基本流程

假设粒子群优化算法的基本条件如下:

(1) 目标搜索空间为 D 维空间。

(2) 粒子群由 N 个粒子组成。

(3) 第 i 个粒子在 D 维空间的位置为 $x_i = \{x_i^1, x_i^2, \cdots, x_i^D\}$

（4）第 i 个粒子的飞翔速度为 $v_i = (v_i^1, v_i^2, \cdots, v_i^D)$

（5）第 i 个粒子的最优位置 $\text{pBest}_i = (\text{pBest}_i^1, \text{pBest}_i^2, \cdots, \text{pBest}_i^D)$

（6）全局最优位置 $\text{gBest} = (\text{gBest}^1, \text{gBest}^2, \cdots, \text{gBest}^D)$

则 PSO 算法粒子的个体速度与位置更新公式分别为

$$v_i^d = \omega \times v_i^d + c_1 \times r_1^d \times (\text{pBest}_i^d - x_i^d) + c_2 \times r_2^d \times (\text{gBest}^d - x_i^d) \tag{3-1}$$

$$x_i^d = x_i^d + v_i^d \tag{3-2}$$

式中，$d = 1, 2, \cdots, D$；c_1, c_2 为非负常数；$i = 1, 2, \cdots, m$；r_1, r_2 是介于 $[0,1]$ 的随机数；$v_i^d \in [-v_{\max}, v_{\max}]$ 由用户设定。

图 3.3 描述的是粒子群算法的概述。速度更新公式由三部分组成。

（1）自身速度：也是惯性或动量部分，反应粒子的运动习惯。

（2）个体认知：粒子有向自身历史最佳位置逼近的优势。

图 3.3 算法概述

（3）社会引导，粒子有向群体或领域历史最佳位置逼近的趋势。

因此式(3-1)中，粒子第 d 步的速度＝上一步自身的速度惯性＋个体认知部分＋社会认知部分，即速度为三部分的和。

粒子群算法的流程和伪代码如图 3.4 所示。

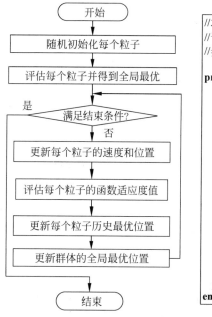

```
//功能：粒子群优化算法伪代码
//说明：本例以求问题最小值为目标
//参数：N为群体规模

procedure PSO
    for each particle i
        Initialize velocity  Vi and position Xi for particle i
        Evaluate particle i and set  pBesti = Xi
    end for
    gBest = min {pBesti}
    while not stop
        for i=1 to N
            Update the velocity  and position of particle  i
            Evaluate particle  i
            if fit (Xi) < fit (pBesti)
                pBesti = Xi;
            if fit(pBesti) < fit (gBest)
                gBest = pBesti;
        end for
    end while
    print gBest
end procedure
```

图 3.4 算法流程图

人工神经网络（Artificial Neural Network，ANN）是模拟大脑分析过程的简单数学模型，反向转播算法是最流行的神经网络训练算法，但近来也有很多学者利用演化计算（evolutionary computation）技术研究人工神经网络的各个方面。

演化计算一般研究神经网络的三个方面：网络连接权重、网络结构（网络拓扑结构和传递函数）和网络学习算法。目前工作大多数集中在网络连接权重和网络拓扑结构上。在遗传算法中，网络权重和/或拓扑结构一般编码为染色体（Chromosome），适应度函数的选择一般根据研究目的确定，例如在分类问题中，错误分类的比率可以用作适应度值。

【例 3-1】 使用分类问题的基准函数（benchmark function）IRIS 数据集说明 PSO 算法训练神经网络的过程。在数据集中，每组数据包含鸢尾花的 4 种属性：萼片长度、萼片宽度、花瓣长度和花瓣宽度。3 种不同的花各有 50 组数据，总共有 150 组数据或模式。

解： 使用 3 层的神经网络进行分类，则网络有 4 个输入和 3 个输出，所以神经网络的输入层有 4 个节点，输出层有 3 个节点，隐层节点的数目可以动态调节，这里假定隐层有 6 个节点。神经网络中的参数都可以进行训练，这里只确定网络权重。粒子就表示神经网络的一组权重，应该是 $4 \times 6 + 6 \times 3 = 42$ 个参数。权重的范围设定为 $[-100, 100]$。完成编码以后还需要确定适应度函数。对于分类问题，把所有数据送入神经网络，网络的权重由粒子的参数决定。记录所有的错误分类的数目作为粒子的适应值。利用 PSO 算法训练神经网络可以获得尽可能低的错误分类数目。PSO 算法本身并没有很多的参数需要调整，所以在实验中只需要调整隐层的节点数目和权重的范围就可以取得较好的分类效果。

3.1.3 粒子群算法分类

1. 标准 PSO 算法的变形

在标准 PSO 算法的变形中，主要是对标准 PSO 算法的惯性因子、收敛因子（约束因子）、"认知"部分的学习因子 c_1，"社会"部分的学习因子 c_2 进行变化与调节，希望获得好的效果。

惯性因子的原始版本是保持不变的，后来有人提出随着算法迭代的进行，惯性因子需要逐渐减小的思想。算法开始阶段，大的惯性因子可以使算法不容易陷入局部最优，到算法后期，小的惯性因子可以使收敛速度加快，收敛更加平稳，不至于出现振荡现象。经过测试，动态地减小惯性因子 w，的确可以使算法更加稳定，效果比较好。但是递减惯性因子采用什么样的方法呢？人们首先想到的是线性递减，这种策略的确很好，但是是不是最优的呢？于是有人对递减的策略做了相关研究，研究结果指出：线性函数的递减优于凸函数的递减策略，但是凹函数的递减策略又优于线性的递减，经过测试，实验结果基本符合此结论，但效果不是很明显。

对于收敛因子，经过证明如果收敛因子取 0.729，可以确保算法的收敛，但是不能保证算法收敛到全局最优，经过测试，取收敛因子为 0.729 效果较好。对于学习因子 c_2 和 c_1 也有人提出：c_1 先大后小，而 c_2 先小后大的思想。因为在算法运行初期，每个粒子要有大的自己的认知部分而又比较小的社会部分，这个与一群人找东西的情形比较接近，因为在找东西的初期，基本依靠自己的知识去寻找，随着积累的经验越来越丰富，于是大家开始逐渐达成共识（社会知识），这样就开始依靠社会知识寻找东西了。

2007 年，希腊的两位学者提出将收敛速度比较快的全局版本的 PSO 算法与不容易陷入局部最优的局部版本的 PSO 算法相结合的办法，速度更新公式和位置更新公式分别为

$$v = n \times v_{全局版本} + (1 - n) \times v_{局部版本} \tag{3-3}$$

$$w(k + 1) = w(k) + v \tag{3-4}$$

该算法在文献中讨论了系数 n 取各种不同情况的情况，并运行了近 20000 次后分析各种系数的结果。

2. PSO 算法的混合

PSO 算法可以与各种算法相混合，例如与模拟退火算法相混合或与单纯形方法相混合等。但是使用最多的是将 PSO 算法与遗传算法结合，根据遗传算法的 3 种不同算子可以生成 3 种不同的混合算法。

（1）PSO 算法与选择算子的结合，结合思想：在原来的 PSO 算法中选择粒子群群体的最优值作为 p_g，但是相结合的版本是根据所有粒子的适应度的大小给每个粒子赋予一个被选中的概率，然后依据概率对这些粒子进行选择，被选中的粒子作为最优，其他情况保持不变。这样的算法可以在算法运行过程中保持粒子群的多样性，但是致命的缺点是收敛速度缓慢。

（2）PSO 算法与交叉算子的结合，结合思想：在算法运行过程中根据适应度的大小，粒子之间可以两两交叉，比如用一个很简单的公式：

$$w(新) = n \times w_1 + (1 - n) \times w_2 \tag{3-5}$$

w_1 与 w_2 就是这个新粒子的父辈粒子。这种算法可以在算法的运行过程中引入新的粒子，但是算法一旦陷入局部最优，那么粒子群算法将很难摆脱局部最优。

（3）PSO 算法与变异算子的结合，结合思想：测试所有粒子与当前最优的距离，当距离小于一定的数值的时候，可以对部分粒子进行随机初始化，让这些粒子重新寻找最优值。

3. 二进制 PSO 算法

最初的 PSO 算法是从解决连续优化问题发展起来的。Eberhart 等又提出了 PSO 算法的离散二进制版，用来解决工程实际中的组合优化问题。他们在提出的模型中将粒子的每一维及粒子本身的历史最优、全局最优限制为 1 或 0，而速度不做这种限制。用速度更新位置时，设定一个阈值，当速度高于该阈值时，粒子的位置取 1，否则取 0。二进制 PSO 算法与遗传算法在形式上很相似，但实验结果显示，在大多数测试函数中，二进制 PSO 算法比遗传算法速度快，尤其在问题的维数增加时。

4. 协同 PSO 算法

协同 PSO 算法将粒子的 D 维分到 D 个粒子群中,每个粒子群优化一维向量,评价适应度时将这些分量合并为一个完整的向量。例如第 i 个粒子群,除第 i 个分量外,其他 $D-1$ 个分量都设为最优值,不断用第 i 个粒子群中的粒子替换第 i 个分量,直到得到第 i 维的最优值,其他维相同。为将有联系的分量划分在一个群,可将 D 维向量分配到 m 个粒子群优化,则前 $(D \bmod m)$ 个粒子群的维数是 D/m 的向上取整。后 $m-(D \bmod m)$ 个粒子群的维数是 D/m 的向下取整。协同 PSO 算法在某些问题上有更快的收敛速度,但该算法容易被欺骗。

5. 混合策略 PSO 算法

混合策略混合 PSO 算法就是将其他进化算法、传统优化算法或其他技术应用到 PSO 算法中,提高粒子多样性,增强粒子的全局探索能力或者提高局部开发能力,增强收敛速度与精度。混合策略通常有两种:一是利用其他优化技术自适应调整收缩因子/惯性值、加速常数等;二是将 PSO 算法与其他进化算法的操作算子或技术结合,例如将蚂蚁算法与 PSO 算法混合用于求解离散优化问题。

Robinson 和 Juang 将遗传算法与 PSO 算法结合分别用于天线优化设计和递归神经网络设计,并将种群动态划分成多个子种群,再对不同的子种群利用 PSO 算法、遗传算法或爬山法进行独立进化。Naka 等将遗传算法中的选择操作引入 PSO 算法中,按一定选择率复制较优个体。Angeline 则将锦标赛选择引入 PSO 算法,根据个体当前位置的适应度,将每个个体与其他若干个体相比较,然后依据比较结果对整个群体进行排序,用粒子群中最好一半的当前位置和速度替换最差一半的位置和速度,同时保留每个个体所记忆的个体最好位置。EDib 等对粒子位置和速度进行交叉操作。Higashi 将高斯变异引入 PSO 算法中。Miranda 等则使用了变异、选择和繁殖多种操作同时自适应确定速度更新公式中的邻域最佳位置以及惯性权重和加速常数。Zhang 等利用差分进化操作选择速度更新公式中的粒子最佳位置。而 Kannan 等则利用差分进化优化 PSO 算法的惯性权重和加速常数。

常见混合策略 PSO 算法主要包括以下几种。

(1) 高斯 PSO(Gaussian PSO,GPSO)算法。由于传统 PSO 算法往往是在全局和局部最佳位置的中间进行搜索,搜索能力和收敛性能严重依赖加速常数和惯性权重的设置,为了克服该不足,Secrest 等将高斯函数引入 PSO 算法中,用于引导粒子的运动。GPSO 算法不再需要惯性权重,而加速常数由服从高斯分布的随机数产生。

(2) 拉伸 PSO(Stretching PSO,SPSO)算法将所谓的拉伸技术(stretching technique)以及偏转和排斥技术应用到 PSO 算法中,对目标函数进行变换,限制粒子向已经发现的局部最小解运动,从而使粒子有更多的机会找到全局最优解。

(3) 混沌 PSO(Chaos PSO,CPSO)算法。混沌是自然界一种看似杂乱、其实暗含内在规律性的常见非线性现象,具有随机性、遍历性和规律性等特点。以粒子群的历史最佳位置为基础产生混沌序列,并将此序列中的最优位置随机替代粒子群中的某个粒子的位置,就形成了CPSO算法。还有利用惯性权重自适应于目标函数值的自适应PSO算法进行全局搜索,利用混沌局部搜索对最佳位置进行局部搜索的混沌PSO算法。

(4)免疫PSO算法。生物免疫系统是一个高度鲁棒性、分布性、自适应性并具有强大识别能力、学习和记忆能力的非线性系统。已有文献将免疫系统的免疫信息处理机制(抗体多样性、免疫记忆、免疫自我调节等)引入到PSO算法中,分别提出了基于疫苗接种的免疫PSO算法和基于免疫记忆的免疫PSO算法。

(5)量子PSO算法优化将量子个体应用于离散PSO算法,并基于量子行为更新粒子位置。

3.1.4 粒子群优化算法的改进研究

PSO算法的研究热点与方向包括算法理论研究、算法参数研究、拓扑结构研究、混合算法研究、算法应用研究等。

1. 理论研究的改进

Clerc和Kennedy在2002年设计了一个称为压缩因子的参数。在使用了此参数之后,PSO算法能够更快地收敛。Trelea在2003年指出PSO算法最终稳定地收敛于空间中的某一个点,但不能保证是全局最优点。Kadirkamanathan等在动态环境中对PSO算法的行为进行研究,由静态分析深入到动态分析。Van den Bergh等对PSO算法的飞行轨迹进行了跟踪,并深入到动态的系统分析和收敛性研究。

2. 拓扑结构的改进

PSO算法拓扑结构的改进包括以下几种。

(1)静态拓扑结构,分为全局版本(如星形结构)和局部版本(如环形结构、齿形结构、冯·诺依曼结构)等,图3.5给出了4种典型的拓扑结构。

(2)动态拓扑结构,包括Suganthan在1999年提出的逐步增长法、Hu和Eberhart在2002年提出的最小距离法、Liang和Suganthan在2005年提出的重新组合法以及Kennedy等在2006年提出的随机选择法等。

(3)其他拓扑结构,包括Kennedy提出的社会趋同法、Mendes等提出的Fully Informed、Liang等提出的广泛学习策略等。

对于目前使用较多的静态拓扑结构,全局版本PSO(Global PSO,GPSO)算法和局部版本PSO(Local PSO,LPSO)算法在收敛特点上有如下区别。

(1)GPSO算法具有很高的连接度,往往具有比LPSO算法更快的收敛速度。但是,快速的收敛也让GPSO算法付出了多样性迅速降低的代价。

(2)LPSO算法由于具有更好的多样性,因此一般不容易落入局部最优,在处理多峰问题上具有更好的性能。

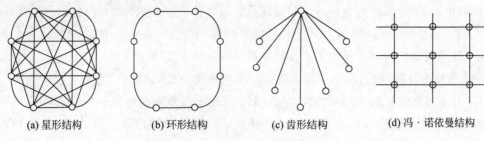

(a) 星形结构　　　　(b) 环形结构　　　　(c) 齿形结构　　　　(d) 冯·诺依曼结构

图 3.5　4 种典型的拓扑结构示意图

在使用静态拓扑结构解决具体问题的时候,可以遵循以下一些规律。

(1) 邻域较小的拓扑结构在处理复杂的、多峰值的问题上具有优势,例如环形结构的 LPSO 算法。

(2) 随着邻域的扩大,算法的收敛速度将会加快,这对简单的、单峰值的问题非常有利,例如 GPSO 算法在这些问题上就表现很好。

3. 混合算法改进

(1) 混合进化算子的改进:选择算子、交叉算子、变异算子、进化规划、进化策略。

(2) 混合其他搜索算法的改进:结合模拟退火算法、人工免疫算法、差分进化算法或局部搜索算法等。

(3) 混合其他技术的改进:包括单纯形技术、函数延伸技术、混沌技术、量子技术、协同技术、小生境技术、物种形成技术。

(4) 二进制编码:Kennedy 和 Eberhart 在 1997 年对 PSO 算法进行了离散化,形成了二进制编码 PSO 算法,并且在对 De Jong 提出的 5 个标准测试函数的测试中取得较好的效果。

(5) 整数编码:Salman 等将粒子的位置变量四舍五入为最接近的合法的离散值。Yoshida 等将连续的值域划分为多个区间,每个区间赋予一个相应的离散值

(6) 其他形式:Schoofs 和 Naudts 重新定义了 PSO 算法的"加减乘"方法,并应用于约束可满足问题(Constraint Satisfaction Problem,CSP)中。Hu 等将速度定义为位置变量相互交换的概率,从而将 PSO 算法离散化并用于解决 n-皇后(n-queen)问题。Clerc 为 PSO 算法定义了合适的"加减乘"法实现离散化,并应用于解决旅行商问题。Chen 等基于集合论的技术,重新定义了 PSO 算法的速度和位置更新公式实现了离散化。

3.1.5　粒子群优化算法的参数设置

1. 种群规模 N

种群规模影响着算法的搜索能力和计算量,PSO 算法对种群规模要求不高,一般取 20～40 就可以达到很好的求解效果。不过对于比较难的问题或者特定类别的问题,粒子数

可以取 100 或 200。粒子的长度 D 由优化问题本身决定,就是问题解的长度。粒子的范围 R 由优化问题本身决定,每一维可以设定不同的范围。

2. 最大速度 V_{max}

最大速度决定粒子每一次的最大移动距离,制约着算法的探索和开发能力。V_{max} 的每一维 V_{max}^d 一般可以取相应维搜索空间的 $10\%\sim20\%$,甚至 100%。也有研究使用将 V_{max} 按照进化代数从大到小递减的设置方案。

3. 惯性权重 ω

惯性权重控制前一速度对当前速度的影响,用于平衡算法的探索和开发能力一般设置为从 0.9 线性递减到 0.4,也有非线性递减的设置方案可以采用模糊控制的方式设定,或者在 $[0.5, 1.0]$ 之间随机取值,ω 设为 0.729 的同时将 c_1 和 c_2 设为 1.49445,有利于算法的收敛。

4. 压缩因子 χ

压缩因子可以限制粒子的飞行速度,保证算法的有效收敛。Clerc 等通过数学计算得到 χ 取值为 0.729,同时 c_1 和 c_2 设为 2.05。

5. 加速系数 c_1 和 c_2

加速系数 c_1 和 c_1 代表了粒子向自身极值 pBest 和全局极值 gBest 推进的加速权重,c_1 为粒子的个体学习因子,c_2 为粒子的社会学习因子。c_1 和 c_2 通常都等于 2.0,代表着对两个引导方向的同等重视,也存在一些 c_1 和 c_2 不相等的设置,但其范围一般都在 $0\sim4$。研究 c_1 和 c_2 的自适应调整方案对算法性能的增强有重要意义。

6. 终止条件

终止条件决定算法运行的结束,由具体的应用和问题本身确定将最大循环数设定为 500、1000、5000 或者最大的函数评估次数,也可以使用算法求解得到一个可接受的解作为终止条件或者是当算法在很长一段迭代中没有得到任何改善,则可以终止算法。

7. 全局和局部 PSO

全局和局部 PSO 决定算法如何选择两种版本的粒子群优化算法——GPSO 和 LPSO,GPSO 速度快,不过有时会陷入局部最优;LPSO 收敛速度慢一点,不过不容易陷入局部最优。在实际应用中,可以根据具体问题选择具体的算法版本。

8. 同步和异步更新

两种更新方式的区别在于对全局 gBest 或者局部 pBest 的更新方式。在同步更新方式中,在每一代中,当所有粒子都采用当前的 gBest 进行速度和位置的更新,之后才对粒子进行评估,更新各自的 pBest,再选择最好的 pBest 作为新的 gBest。

在异步更新方式中,在每一代中,粒子采用当前的 gBest 进行速度和位置的更新,然后马上评估,更新自己的 pBest,而且如果其 pBest 要优于当前的 gBest,则立刻更新 gBest,迅速将更好的 gBest 用于后面的粒子的更新过程中。

一般而言,异步更新的 PSO 算法具有高效的信息传播能力和更快的收敛速度。

3.1.6　粒子群优化算法与遗传算法的比较

PSO 算法与遗传算法的流程一般都遵循以下步骤。

(1) 种群随机初始化。

(2) 对种群内的每一个个体计算适应度值。适应度值与最优解的距离直接相关。

(3) 种群根据适应度值进行复制。

(4) 如果终止条件满足的话,就停止,否则转步骤(2)。

从以上步骤可以看到 PSO 算法和遗传算法有很多共同之处。两者都可以随机初始化种群,而且都使用适应度值对系统进行评价,而且都根据适应度值进行随机搜索。两个系统都不能保证一定找到最优解。但是,PSO 算法没有交叉和变异等遗传操作,而是根据自己的速度决定搜索。同时,PSO 算法的粒子还有一个重要的特点,就是有记忆。

与遗传算法相比,PSO 的信息共享机制是不同的。在遗传算法中,染色体(chromosomes)互相共享信息,所以整个种群的移动是比较均匀地向最优区域移动。在 PSO 算法中,只有 gBest 信息给其他的粒子,这是单向的信息流动,整个搜索更新过程是跟随当前最优解的过程。与遗传算法比较,在大多数的情况下,所有的粒子可能更快地收敛于最优解。

演化计算的优势是可以处理一些传统方法不能处理的问题,例如不可导的节点传递函数或者没有梯度信息等。但是也可能出现在某些问题上性能并不是特别好,同时遗传算子的选择也比较麻烦。

目前,已经有一些利用 PSO 算法代替反向传播算法训练神经网络的论文。研究表明 PSO 算法是一种很有潜力的神经网络算法。

3.1.7　粒子群优化算法的相关应用与 MATLAB 算例

1. PSO 算法应用

PSO 算法用粒子模拟鸟类个体,每个粒子可视为 N 维搜索空间中的一个搜索个体,粒子的当前位置即为对应优化问题的一个候选解,粒子的飞行过程即为该个体的搜索过程。粒子的飞行速度可根据粒子历史最优位置和种群历史最优位置进行动态调整。粒子仅有两个属性:速度和位置,速度代表移动的快慢,位置代表移动的方向。每个粒子单独搜寻的最优解叫作个体极值,粒子群中最优的个体极值作为当前全局最优解。算法不断迭代,更新速度和位置,最终得到满足终止条件的最优解。

PSO 算法的迭代流程如图 3.6 所示,具体流程具体如下。

(1) 初始化。首先设置最大迭代次数、目标函数的自变量个数、粒子的最大度、位置信息为整个搜索空间,在速度区间和搜索空间上随机初始化速度和位置,设置粒子群规模为

M,为每个粒子随机初始化一个飞翔速度。

（2）个体极值与全局最优解。定义适应度函数,个体极值为每个粒子找到的最优解,从这些最优解找到一个全局值,称为本次全局最优解,与历史全局最优比较并进行更新。

（3）更新速度和位置为

$$V_i^d = \omega c_1 \text{random}(0,1)(\text{pEest}_i^d - X_i^d) + c_2 \text{random}(0,1)(\text{pBest}^d - X_i^d) \qquad (3\text{-}6)$$

其中,ω 为惯性权重,其值为非负,较大时全局寻优能力强而局部寻优能力弱,较小时全局寻优能力弱而局部寻优能力强。通过调整 w 的大小,可以对全局寻优性能和局部寻优性能进行调整。c_1 和 c_2 为加速系数。Suganthan 的实验表明:c_1 和 c_2 为常数时可以得到较好的解,通常设置 $c_1 = c_2 = 2$,但不一定必须等于 2,一般 $c_1 = c_2 \in [0,4]$。Random$(0,1)$表示区间$[0,1]$上的随机数,pBest$_i^d$ 表示第 i 个变量的个体极值的第 d 维,pBest^d 表示全局最优解的第 d 维。

（4）终止条件:达到设定迭代次数;代数之间的差值满足最小界限。

图 3.6 描述的是 PSO 算法的迭代流程。

PSO 算法的一些优点如下。

（1）是一类不确定算法。不确定性体现了自然界生物的生物机制,并且在求解某些特定问题方面优于确定性算法。

（2）是一类概率型的全局优化算法。非确定算法的优点在于算法能有更多机会求解全局最优解。

（3）不依赖优化本身的严格数学性质。

（4）是一种基于多个智能体的仿生优化算法。PSO 算法中的各个智能体之间通过相互协作更好地适应环境,表现出与环境交互的能力。

（5）具有本质并行性。包括内在并行性和内含并行性。

（6）具有突出性。PSO 算法总目标的完成是在多个智能体个体行为的运动过程中突现出来的。

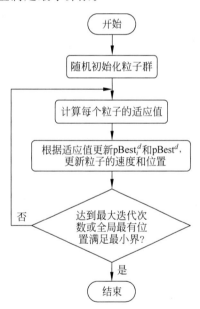

图 3.6 PSO 算法的迭代流程

（7）具有自组织和进化性以及记忆功能,所有粒子都保存优解的相关知识。

（8）具有稳健性。稳健性是指在不同条件和环境下算法的实用性和有效性,但是现在PSO 算法的数学理论基础还不够牢固,算法的收敛性还需要讨论。

2. PSO 算法的 MATLAB 算例

【例 3-2】 求解函数 $f(x) = x \sin x \cos 2x - x \sin 3x$ 的最优解。

解:首先初始化种群。已知位置限制$[0,20]$,由于一维问题较为简单,因此可以取初始种群 N 为 50,迭代次数为 100,空间维数 $d = 1$。位置和速度的初始化即在位置和速度限制

内随机生成一个 $N \times d$ 的矩阵,对于此函数,位置初始化就是在 $0 \sim 20$ 内随机生成一个 50×1 的数据矩阵,此处的位置约束也可以理解为位置限制,而速度限制是保证粒子步长不超限制,一般设置速度限制为 $[-1,1]$。粒子群的另一个特点就是记录每个个体的历史最优和种群的历史最优,因此二者对应的最优位置和最优值也需要初始化。其中每个个体的历史最优位置可以先初始化为当前位置而种群的历史最优位置则可初始化为原点。对于最优值,如果求最大值则初始化为负无穷,相反则初始化为正无穷,每次搜寻都需要将当前的适应度值和最优解同历史的记录值进行对比,如果超过历史最优值,则更新个体和种群的历史最优位置。

速度和位置更新是粒子群算法的核心,其原理表达式和更新方式如下:

$$
\begin{cases}
V_i^d = w \cdot V_i^d + c_1 r_1 (\text{pBest}_i^d - x_i^d) + c_2 r_2 (\text{pBest}^d - x_i^d) \\
x_i^d = x_i^d + v_i^d
\end{cases}
\tag{3-7}
$$

每次更新完速度和位置都需要考虑速度和位置的限制,需要将其限制在规定范围内,此处仅举出一个常规方法,即将超约束的数据约束到边界。图 3.7~图 3.9 分别为粒子的初始状态、最终状态和收敛过程图,由图可知算法已成功找出了最优解,其最优解为 18.3014,而其最大值为 32.1462。

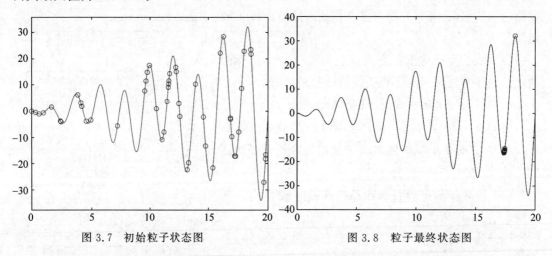

图 3.7　初始粒子状态图　　　　　图 3.8　粒子最终状态图

3. 结合 PSO 算法的神经元方法

一般地,可以先使用 PSO 算法在全局范围内进行大致搜索,得到一个初始解,再使用反向传播算法进行更仔细的搜索。

【例 3-3】　对函数 $2.1 \times (1 - x + 2x^2) e^{\left(-\frac{x^2}{2}\right)} + \sin x + x, x \in [-5,5]$ 进行采样,得到 30 组训练数据,拟合该神经网络。

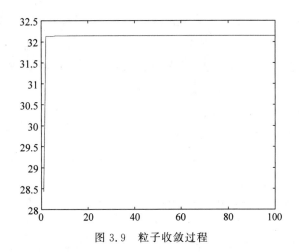

图 3.9　粒子收敛过程

解：该神经网络结构为 1-7-1 结构，包括 1 个输入神经元、7 个中间神经元和 1 个输出神经元。图 3.10 所示为粒子的训练过程，拟合的第一步先抽取 30 组数据，包括输入和输出；第二步运行 PSO 算法，进行随机搜索，选择一个最优的解，该解的维数为 22 维；第三步在 PSO 算法解的基础上使用反向传播算法进行细化搜索。

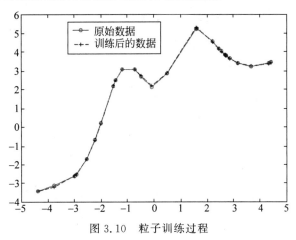

图 3.10　粒子训练过程

3.2　蚁群算法

3.2.1　蚁群算法的基本原理

蚁群算法（Ant Colony Algorithm，ACA）是近几年提出的一种新型的模拟进化算法。意大利学者 Pofigo 基于对自然界中真实蚁群集体行为的研究成果首先提出了 ACA。

以 ACA 为代表的群智能已成为分布式人工智能研究的一个热点，许多源于蜂群和蚁群模型设计的算法越来越多地被应用于企业的运转模式的研究。当前对 ACA 的研究，不仅有算法意义上的研究，还有从仿真模型角度的研究，并且不断有学者提出对蚁群算法的改进方案。从当前可以查阅的文献情况来看研究和应用蚁群算法的学者主要集中在比利时、意大利、英国、法国、德国等欧洲国家，日本和美国也已经启动对蚁群算法的研究，国内于1998 年末开始有少量公开报道和研究成果。

群智能还被应用于工厂生产计划的制定和运输部门的后勤管理。美国太平洋西南航空公司采用一种直接源于蚂蚁行为研究成果的运输管理软件，每年至少节约了 1000 万美元的费用开支。英国联合利华公司已率先利用群智能技术改善其一家牙膏厂的运转情况。美国通用汽车公司、法国液气公司、荷兰公路交通部和美国一些移民事务机构也都采用这种技术改善其运转的机能。英国电信公司和美国世界通信公司以电子蚂蚁为基础，对新的电信网络管理方法进行了试验。

ACA 最初用于解决 TSP 问题，经过多年发展已经陆续延伸到其他领域中，如图着色问题、大规模集成电路设计、通信网络中的路由问题、负载平衡问题以及车辆调度问题等。蚁群算法在若干领域已获得成功的应用，其中最成功的应用是组合优化问题。

如图 3.11 和图 3.12 所示，自然界蚂蚁群体在寻找食物的过程中，通过一种被称为信息素(pheromone)的物质实现相互的间接通信，从而能够合作发现从蚁穴到食物源的最短路径。通过对这种群体智能行为的抽象建模，研究者提出了蚁群优化(Ant Colony Optimization, ACO)算法，为最优化问题尤其是组合优化问题的求解提供了强有力的手段。

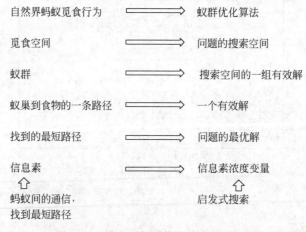

图 3.11　描述了蚁群信息搜索的流程图

蚂蚁在寻找食物的过程中往往是随机选择路径的，但它们能感知当前地面上的信息素浓度，并倾向于往信息素浓度高的方向行进。信息素由蚂蚁自身释放，是实现蚁群内间接通信的物质。由于较短路径上蚂蚁的往返时间比较短，单位时间内经过该路径的蚂蚁多，所以信息素的积累速度比长路径快。因此，当后续蚂蚁在路口时，就能感知先前蚂蚁留下的信息，并倾向于选择一条较短的路径前行。这种正反馈机制使得越来越多的蚂蚁在巢穴与食

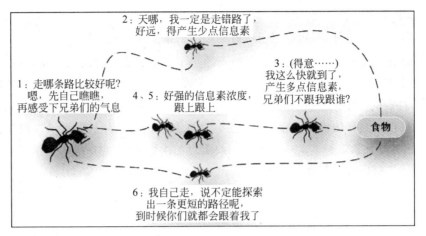

图 3.12 蚁群信息搜索图

物之间的最短路径上行进。由于其他路径上的信息素会随着时间蒸发,最终所有的蚂蚁都在最优路径上行进。

3.2.2 蚁群算法的算法流程

蚂蚁系统(Ant System,AS)是最基本的 ACO 算法,是以 TSP 作为应用实例提出的。

ACO 算法包含两个基本要素。

(1) 路径构建:每只蚂蚁都随机选择一个城市作为其出发城市,并维护一个路径记忆向量,用来存放该蚂蚁依次经过的城市。蚂蚁在构建路径的每一步中,按照一个随机比例规则选择下一个要到达的城市。

(2) 信息素更新:当所有蚂蚁构建完路径后,算法将会对所有的路径进行全局信息素的更新。注意,所描述的是 AS 的 ant-cycle 版本,更新是在全部蚂蚁均完成了路径构造后才进行的,信息素的浓度变化与蚂蚁在这一轮中构建的路径长度相关。

1. 路径构建

对于每只蚂蚁 k,路径记忆向量 $\boldsymbol{R}^k$ 按照访问顺序记录了所有蚂蚁 k 已经经过的城市序号。设蚂蚁 k 当前所在城市为 i,则其选择城市 j 作为下一个访问对象的概率为

$$p_k(i,j)=\begin{cases}\dfrac{\left[\tau(i,j)\right]^\alpha\left[\eta(i,j)\right]^\beta}{\displaystyle\sum_{u\in J_k(i)}\left[\tau(i,u)\right]^\alpha\left[\eta(i,u)\right]^\beta}, & j\in J_k(i)\\[3mm] 0, & \text{其他}\end{cases} \tag{3-8}$$

其中,$J_k(i)$ 表示从城市 i 可以直接到达的且又不在蚂蚁访问过的城市序列 $\boldsymbol{R}^k$ 中的城市集合。$\eta(i,j)$ 是一个启发式信息,通常由 $\eta(i,j)=1/d_{ij}$ 直接计算。$\tau(i,j)$ 表示边 (i,j) 上的信息素量。α、β 为两常数,分别是信息素和能见度的加权值。

2. 信息素更新

(1) 在算法初始化时,问题空间中所有的边上的信息素都被初始化为 t_0。

(2) 算法迭代每一轮,问题空间中的所有路径上的信息素都会发生蒸发,我们为所有边上的信息素乘上一个小于 1 的常数。信息素蒸发是自然界本身固有的特征,在算法中能够帮助避免信息素的无限积累,使得算法可以快速丢弃之前构建过的较差的路径。

(3) 蚂蚁根据自己构建的路径长度在它们本轮经过的边上释放信息素。蚂蚁构建的路径越短、释放的信息素就越多。一条边被蚂蚁爬过的次数越多、它所获得的信息素也越多。

(4) 迭代步骤(2),直至算法终止。

$$\tau(i,j) = (1-\rho) \cdot \tau(i,j) + \sum_{k=1}^{m} \Delta\tau_k(i,j),$$

$$\Delta\tau_k(i,j) = \begin{cases} (C_k)^{-1}, & (i,j) \in \boldsymbol{R}^k \\ 0, & \text{其他} \end{cases} \tag{3-9}$$

其中,m 是蚂蚁个数;ρ 是信息素的蒸发率,规定 $0 < \rho \leqslant 1$。$\Delta\tau_k(i,j)$ 是第 k 只蚂蚁在它经过的边上释放的信息素量,它等于蚂蚁 k 本轮构建路径长度的倒数。C_k 表示路径长度,它是 $\boldsymbol{R}^k$ 中所有边的长度和。

3. 算法流程实例

【例 3-4】 给出用蚁群算法求解四城市 TSP 问题的执行步骤,4 个城市 A、B、C、D 之间的距离矩阵为

$$\boldsymbol{W} = \boldsymbol{d}_{ij} = \begin{bmatrix} \infty & 3 & 1 & 2 \\ 3 & \infty & 5 & 4 \\ 1 & 5 & \infty & 2 \\ 2 & 4 & 2 & \infty \end{bmatrix}$$

假设蚂蚁种群的规模 $m=3$,参数 $\alpha=1, \beta=2, \rho=0.5$。

解:

步骤 1:初始化。首先使用贪心算法得到路径(ACDBA),则 $C^{mn} = f(\text{ACDBA}) = 1 + 2 + 4 + 3 = 10$。求得 $\tau_0 = m/C^{mn} = 3/10 = 0.3$。初始化所有边上的信息素 $\tau_{ij} = \tau_0$。

步骤 2.1:为每只蚂蚁随机选择出发城市,假设蚂蚁 1 选择城市 A,蚂蚁 2 选择城市 B,蚂蚁 3 选择城市 D。

步骤 2.2:为每只蚂蚁选择下一个城市。仅以蚂蚁 1 为例,当前城市=A,可访问城市集.合 $J_1(i) = \{B, C, D\}$。计算蚂蚁 1 选择 B,C,D 作为下一访问城市的概率为

$$\text{A} \Rightarrow \begin{cases} \text{B}: \tau_{\text{AB}}^{\alpha} \times \eta_{\text{AB}}^{\beta} = 0.3^1 \times (1/3)^2 = 0.033 \\ \text{C}: \tau_{\text{AC}}^{\alpha} \times \eta_{\text{AC}}^{\beta} = 0.3^1 \times (1/1)^2 = 0.3 \\ \text{D}: \tau_{\text{AD}}^{\alpha} \times \eta_{\text{AD}}^{\beta} = 0.3^1 \times (1/2)^2 = 0.075 \end{cases}$$

$$p(B) = 0.033/(0.033 + 0.3 + 0.075) = 0.081$$

$$p(C) = 0.3/(0.033 + 0.3 + 0.075) = 0.74$$

$$p(D) = 0.075/(0.033 + 0.3 + 0.075) = 0.18$$

用轮盘选择法则选择下城市。假设产生的随机数 $q = \text{random}(0,1) = 0.05$，则蚂蚁 1 将会选择城市 B。

用同样的方法为蚂蚁 2 和 3 选择下一个访问城市，假设蚂蚁 2 选择城市 D，蚂蚁 3 选择城市 A。

步骤 2.3：当前蚂蚁 1 所在城市为 B，路径记忆向量 $\boldsymbol{R}^1 = (AB)$，可访问城市集合 $J_1(i) = \{C, D\}$。计算蚂蚁 1 选择 C、D 作为下一城市的概率为

$$B \Rightarrow \begin{cases} C: \tau_{BC}^{\alpha} \times \eta_{BC}^{\beta} = 0.3^1 \times (1/5)^2 = 0.012 \\ D: \tau_{BD}^{\alpha} \times \eta_{BD}^{\beta} = 0.3^1 \times (1/4)^2 = 0.019 \end{cases}$$

$$p(C) = 0.012/(0.012 + 0.019) = 0.39$$

$$p(D) = 0.019/(0.012 + 0.019) = 0.61$$

用轮盘选择法则选择下城市。假设产生的随机数 $q = \text{random}(0,1) = 0.67$，则蚂蚁 1 将会选择城市 D。用同样的方法为蚂蚁 2 和 3 选择下一访问城市，假设蚂蚁 2 选择城市 C，蚂蚁 3 选择城市 C。

步骤 2.4：实际上此时路径已经构造完毕，蚂蚁 1 构建的路径为 (ABDCA)。蚂蚁 2 构建的路径为 (BDCAB)。蚂蚁 3 构建的路径为 (DACBD)。

步骤 3：信息素更新。每只蚂蚁构建的路径长度为

$$C_1 = 3 + 4 + 2 + 1 = 10, \quad C_2 = 4 + 2 + 1 + 3 = 10, \quad C_3 = 2 + 1 + 5 + 4 = 12$$

更新每条边上的信息素：

$$\tau_{AB} = (1 - \rho) \times \tau_{AB} + \sum_{k=1}^{3} \Delta\tau_{AB}^k = 0.5 \times 0.3 + (1/10 + 1/10) = 0.35$$

$$\tau_{AC} = (1 - \rho) \times \tau_{AC} + \sum_{k=1}^{3} \Delta\tau_{AC}^k = 0.5 \times 0.3 + (1/12) = 0.16$$

......

根据式(3-9)依次计算出问题空间内所有边更新后的信息素量。

步骤 4：如果满足结束条件，则输出全局最优结果并结束程序，否则，转向步骤 2.1 继续执行。

3.2.3 蚁群算法的发展

1. 蚁群算法的参数设置

蚁群算法的参数设置对蚁群算法的性能有着重要的影响。Solion 分析了信息素相关参

数对"勘探"和"开采"的影响,提出了在蚁群算法运行之前加一个预处理阶段,这个阶段先不使用信息素找到一定数量的路径(即回路),再从中选择部分路径在算法开始前初始化信息素,获得了较好的效果。不同的参数组合影响着蚁群算法的性能,Pia 以及 Gaertner 等将遗传算法与蚁群算法相结合,应用遗传算法优化蚁群算法的参数,获得了较好的效果。Meyerl 研究了蚁群算法中参数对"勘探"行为,即保持解的多样性的影响,指出 β 不仅对协调"勘探"和"开采"行为有决定作用,而且对系统的鲁棒性也有重要影响关于蚁群算法参数优化的研究相对较少,然而蚁群算法的参数设置关系到算法最终的性能,因此参数的设置原则值得更深入的研究。

2. 蚁群算法的改进

为了提高蚁群算法的性能,获得更快的收敛速度和求解质量,很多研究工作围绕蚁群算法的改进展开。主要包括如下的改进,Gambardella 等将蚂蚁系统和增强学习中的 Q-学习算法融合在一起提出 AntQ 算法,Dorigo 等采用精英策略(elitist strategy)对蚂蚁系统信息素更新机制进行改进,即增强在每次迭代中找到最优路径的蚂蚁的重要性,对其找到的路径增加额外的信息素,这种策略改善了蚂蚁系统求解大规模问题的能力。Taillard 等提出了快速蚂蚁系统(Fast Ant System,FAS)的概念,FAS 为了避免算法收敛于局部最优而引入了信息素重置机制。

Stutzle 提出了最大-最小蚂蚁系统(MAX-MIN Ant System,MMAS)的概念,它和3.2.2 节介绍的蚁群系统类似,但 MMAS 事先限定路径上信息素的变化范围为 $[\tau_{min}, \tau_{max}]$,τ_{min} 和 τ_{max} 为预先设定参数,这样可以有效避免搜索陷入停滞。最初的蚁群算法适用于解决组合优化问题,现在也有学者尝试改进蚁群算法求解连续优化问题。Pourtakdoust 等提出了只在信息素指导下进行寻优的求解连续优化问题的蚁群算法。Dec 等提出了连续交互式蚁群(Continuous Interacting Ant Colony,CIAC)算法求解多目标连续函数优化问题。改进蚁群算法求解连续优化问题的研究相对较少,这是一个很有潜力的研究方向。

3. 蚁群算法收敛性的证明

T. Stutztle 等已经证明了 MMAS 的算法收敛性,W. Gutjahr 证明了 GBAS(Graph-Based Ant System)的蚁群能以任意接近的概率收敛到给定的最优解。然而目前 MMAS 的收敛性证明并没有给出收敛速度的估计,而 GBAS 的执行比蚁群有更多的限制,还没有在实际的组合优化问题中得到运用。

4. 蚁群算法与其他算法的融合

蚁群算法易于与其他算法融合从而互相取长补短,改善算法的性能。目前这个方面的研究成果,包括蚁群算法与遗传算法、神经网络、微粒群算法等之间的融合研究。丁建等利用遗传法生成路径的初始信息素分布,获得了较好的果。对于蚁群算法与遗传算法的融合,研究主要采用遗传算法优化蚁群算法中的参数和信息素,以及将遗传算法中的选择、交叉及变异等操作融入蚁群算法。蚁群算法与神经网络的融合,Blum 等使用蚁群算法训练前馈神经网络,并将其应用于模式分类。

蚁群算法还可以与免疫算法、PSO 算法等优化算法融合。Holden 等将蚁群算法和 PSO 算法集成在一起,用于处理生物数据集的层次分类(hierarchical classification)。Blo 等提出了基于蚁群算法和粗糙集(rough set)方法的模型,并将其用于特征选择。蚁群算法作为较新的仿生优化方法,与其他算法融合和比较的研究仍处于初级阶段,相究文献和报告较少。因此,设计新的融合策略结合其他算法进一步改善蚁群法的性能,改进蚁群算法与其他算法之间的联系都是非常有意义的研究方向。

3.2.4　蚁群算法的改进研究

1. 精华蚂蚁系统

精华蚂蚁系统(Elitist Ant System,EAS)是对基础 AS 的第一次改进,它在原 AS 信息素更新原则的基础上增加了一个对至今最优路径的强化手段:

$$
\begin{cases}
\tau(i,j) = (1-\rho) \cdot \tau(i,j) + \sum_{k=1}^{m} \Delta\tau_k(i,j) + e\Delta_b(i,j), \\
\Delta\tau_k(i,j) = \begin{cases} (C_k)^{-1}, & (i,j) \in R^k \\ 0, & \text{其他} \end{cases} \\
\Delta\tau_b(i,j) = \begin{cases} (C_b)^{-1}, & (i,j) \text{ 在路径 } T_b \text{ 上} \\ 0, & \text{其他} \end{cases}
\end{cases}
\tag{3-10}
$$

引入这种额外的信息素强化手段有助于更好地引导蚂蚁搜索的偏向,使算法更快收敛。

2. 基于排列的蚂蚁系统

基于排列的蚂蚁系统(rank-based Ant System,AS_{rank})在 AS 的基础上给蚂蚁要释放的信息素加上一个权重,进一步加大各边信息素量的差异,以指导搜索。在每一轮所有蚂蚁构建路径后,它们将按照所得路径的长短进行排名,只有生成了至今最优路径的蚂蚁和排名在前 $(\omega-1)$ 的蚂蚁才被允许释放信息素,蚂蚁在边 (i,j) 上释放的信息素的权重由蚂蚁的排名决定

$$
\begin{cases}
\tau(i,j) = (1-\rho) \cdot \tau(i,j) + \sum_{k=1}^{\omega-1} (\omega-k)\Delta\tau_k(i,j) + \omega\Delta_b(i,j), \\
\Delta\tau_k(i,j) = \begin{cases} (C_k)^{-1}, & (i,j) \in R^k \\ 0, & \text{其他} \end{cases} \\
\Delta\tau_b(i,j) = \begin{cases} (C_b)^{-1}, & (i,j) \text{ 在路径 } T_b \text{ 上} \\ 0, & \text{其他} \end{cases}
\end{cases}
\tag{3-11}
$$

权重 $(\omega-k)$ 对不同路径的信息素浓度差异起到了一个放大的作用,AS_{rank} 能更有力度地指导蚂蚁搜索。

3. 最大最小蚂蚁系统

MMAS 在基本 AS 算法的基础上进行了以下改进。

（1）只允许迭代最优蚂蚁（在本次迭代构建出最短路径的蚂蚁），或者只有最优蚂蚁释放信息素。

（2）信息素量大小的取值范围被限制在一个区间内。

（3）信息素初始值为信息素取值区间的上限，并伴随一个较小的信息素蒸发速率。

（4）每当系统进入停滞状态，问题空间内所有边上的信息素量都会被重新初始化。

4. 蚁群系统

1997 年，蚁群算法的创始人 Dorigo 在文章 *Ant colony system：A cooperative learning approach to the traveling salesman problem* 中提出了一种具有全新机制的 ACO 算法——蚁群系统（Ant Colony System，ACS），进一步提高了 ACO 算法的性能。

ACS 是 ACO 算法发展史上的里程碑式的作品，其基本流程如图 3.13 所示。

（1）使用一种伪随机比例规则（pseudo-random proportional）选择下一个城市节点，建立开发当前路径与探索新路径之间的平衡。

$$
j = \begin{cases} \arg \max_{j \in J_k(i)} \{ [\tau(i,j)], [\eta(i,j)]^\beta \}, & q \leqslant q_0 \\ S, & \text{其他} \end{cases}
$$

$$(3\text{-}12)$$

q_0 是一个 $[0,1]$ 区间内的参数，当产生的随机数 $q \leqslant q_0$ 时，蚂蚁直接选择使启发式信息与信息素量的指数乘积最大的下城市节点，通常称为开发（exploitation）；反之，当产生的随机数 $q > q_0$ 时 ACS 将和各种 AS 算法一样使用轮盘选择策略，我们称为偏向探索（bias exploration）。通过调整 q_0，能有效调节"开发"与"探索"之间的平衡，决定算法是集中开发最优路径附近的区域还是探索其他区域。

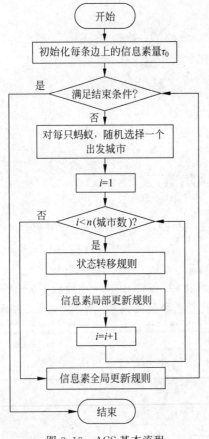

图 3.13　ACS 基本流程

（2）使用信息素全局更新规则，每轮迭代中所有蚂蚁都已构建完路径后，在属于至今最优路径的边上蒸发和释放信息素

$$
\begin{cases} \tau(i,j) = (1-\rho)\tau(i,j) + \rho \Delta\tau_b(i,j), & \forall (i,j) \in T_b \\ \Delta\tau_b(i,j) = 1/C_b \end{cases}
$$

$$(3\text{-}13)$$

不论是信息素的蒸发还是释放，都只在属于至今最优路径的边上进行，这与 AS 算法有

很大的区别。因为 AS 算法将信息素的更新应用到了系统的所有边上,信息素更新的计算复杂度为 $O(n^2)$,而 ACS 算法的信息素更新计算复杂度降低为 $O(n)$。参数 r 代表信息素蒸发的速率,新增加的信息素乘以系数 r 后,更新后的信息素浓度被控制在旧信息素量与新释放的信息素量之间,用一种隐含又简单的方式实现了 MMAS 算法中对信息素量取值范围的限制。

(3) 引入信息素局部更新规则,在路径构建过程中,对每一只蚂蚁,每当其经过一条边 (i,j) 时,它将立刻对这条边进行信息素的更新

$$\tau(i,j) = (1-\rho) \cdot \tau(i,j) + \rho \cdot \tau_0 \tag{3-14}$$

信息素局部更新规则作用于某条边上会使得这条边被其他蚂蚁选中的概率减少。这种机制大大增加了算法的探索能力,后续蚂蚁倾向于探索未被使用过的边,有效地避免了算法进入停滞状态。

图 3.14 描述的是蚁群搜索:顺序构建和并行构建。顺序构建是指当一只蚂蚁完成一轮完整的构建并返回到初始城市之后,下一只蚂蚁才开始构建。并行构建是指所有蚂蚁同时开始构建,每次所有蚂蚁各走一步(从当前城市移动到下一个城市)。对于 ACS 算法,要注意到两种路径构建方式会造成算法行为的区别。在 ACS 算法中通常选择让所有蚂蚁并行地工作。

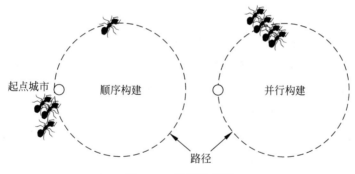

图 3.14 蚁群搜索图

5. 连续正交蚁群系统

近年来,将应用领域扩展到连续空间的蚁群算法也在发展,连续正交蚁群(Continuous Orthogonal Ant Colony,COAC)算法就是其中比较优秀的一种。COAC 算法通过在问题空间内自适应地选择和调整一定数量的区域,并利用蚂蚁在这些区域内进行正交搜索、在区域间进行状态转移、并更新各个区域的信息素,搜索问题空间中的最优解。COAC 的基本思想是利用正交试验的方法将连续空间离散化。

3.2.5 蚁群算法的参数设置

蚁群算法的参数设置如表 3.1 所示。

表 3.1　蚁群算法参数设置表

参　　数	参　考　设　置
蚂蚁数目 m	在用 AS 算法、EAS 算法、AS_{rank} 算法和 MMAS 算法求解 TSP 问题时，m 取值等于城市数目 n 时，算法有较好性能；而对于 ACS 算法，$m=10$ 比较合适
信息素权重 α 与启发式信息权重 β	在各类 ACO 算法中设置 $\alpha=1$，$\beta=2\sim5$ 比较合适
信息素挥发因子 r	对于 AS 算法和 EAS 算法，$r=0.5$；对于 AS_{rank} 算法，$r=0.1$；对于 MMAS 算法，$r=0.02$；对于 ACS 算法，$r=0.1$，算法的综合性能较高
初始信息素量 t_0	对于 AS 算法，$t_0=m/C_{nn}$；对于 EAS 算法，$t_0=(e+m)/rC_{nn}$；对于 AS_{rank} 算法，$t_0=0.5r(r-1)/rC_{nn}$；对于 MMAS 算法，$t_0=1/rC_{nn}$；对于 ACS 算法，$t_0=1/nC_{nn}$
释放信息素的蚂蚁个数 w	在 AS_{rank} 算法中，参数 w 设置为 $w=6$
进化停滞判定代数 r_s	在 MMAS 算法中，参数 r_s 设置为 $r_s=25$
信息素局部挥发因子 x	在 ACS 算法中，参数 x 设置为 $x=0.1$
伪随机因子 q_0	在 ACS 算法中，参数 q_0 设置为 $q_0=0.1$

3.2.6　蚁群算法的应用

自从 ACO 算法在一些经典的组合规划问题如 TSP 和 QAP 等 NP-hard 的组合优化问题上取得成功以来，目前已陆续应用到许多新的实际工程领域中。

（1）在各种工程和工业生产中的应用，例如采用 ACO 算法的思想求解大规模集成电路综合布线问题。在布线过程中，各个引脚对蚂蚁的引力可根据引力函数来计算。各个线网智能体根据启发策略，像蚁群一样在开关盒网格上爬行，所经之处便布上一条金属线，历经一个线网的所有引脚之后，线网便布通了。

（2）ACO 算法在各种实际规划问题中的应用，例如在机器人路径规划中的应用。机器人作为一种智能体，在复杂工作环境下的路径规划问题、多机器人之间的协作策略问题，在很大程度上类似于蚂蚁觅食优选路径以及蚂蚁群体中个体之间通过信息素形成协作。路径规划算法是实现机器人控制和导航的基础之一，实验证明利用 ACO 算法解决该问题有很大的优越性。

另外，ACO 算法在动态优化组合问题中也有应用，具体是在有向连接的网络路由和无连接网络系统路由中的应用。其他应用还包括蚂蚁人工神经网络、车辆路线问题（Vehicle Routine Problem，VRP）以及在图像处理和模式识别领域的应用等。

1. 静态组合优化问题

（1）典型的组合优化问题。从最初用蚁群算法解决旅行商问题开始，研究者陆续将其应用到其他典型的组合优化问题：二次规划问题（quadratic assignment problems）、图着色问题（graph coloring problems）。这些问题具有很强的工程代表性，蚁群算法在典型的组合优化问题上的出色表现加速了它在工程应用领域的发展。

（2）物流领域的应用物流领域中的一些问题也具有组合优化问题的性究较多的是物流配送领域的车辆路径问题，Gambardell 最先将蚁群算法应用于车辆路径问题。Merle 等将蚁群算法应用于资源项目约束的排定问题（resource constrained project scheduling problems），实验表明与其他启发式法相比较优势明显。

（3）机构同构判定问题。在机械设计领域普遍存在的机构同构判定问题，将该类问题转化为求其邻近矩阵的特征编码值的问题，利用蚁群的强大的搜索能力进行求解，在参数选择合适的情况下，可以取得令人满意的结果。

（4）电力系统领域的应用。电力系统的许多优化问题本质上属于组合优化问题。Gomez 等将蚁群算法应用于配电网络的规划。Viacho Giannini 提出了用蚁群算法解决约束潮流问题，实验结果表明蚁群算法具有较高的可靠性和优化能力。Fong 等将蚁群算法应用到发电厂检修计划的优化。

2．动态组合优化问题

在动态优化组合问题中，可以分为有向连接的网络路由和无连接网络系统路由。

（1）有向连接的网络路由。在有向连接的网络中，同一个话路的所有数据包沿着一条共同路径传输，这条路径由一个初步设置状态选出。Schoonderwerd 等首先将蚁群算法应用于路由问题，后来 White 等将 ACO 算法用于单对单点和单对多点的有向连接网络中的路由，Bonabeau 等通过引入动态规则机制改善蚁群算法，Dorigo 研究将蚁群算法用于高速有向连接网络系统中，得到公平分配效果最好的路由。

（2）无连接网络系统路由。随着 Internet 规模不断扩大，在网络上导入 QoS 技术以确保实时业务的通信质量。QoS 组播路由的目的是在分布的网络中寻找最优路径，要求从源节点出发，历经所有的目的点节点，并且在满足所有约束条件下，达到花费最小的服务水平。应用蚁群研究解决包含带宽、延时、延时抖动、包丢失率和最小花费约束等约束条件在内的QoS 组播路由问题，效果优于模拟退火算法和遗传算法。

3．其他应用领域

蚁群优化算法的其他应用还包括学习模糊规则问题、蚂蚁自动规划设计、蚂蚁人工神经网络等。

3.2.7 蚁群算法的相关应用与 MATLAB 算例

【例 3-5】 已给一个 n 个点的完全图，每条边都有一个长度，求总长度最短的经过每个顶点正好一次的封闭回路。

解：

（1）**蚁群算法原理**。蚂蚁在路径上释放信息素，当蚂蚁碰到还没走过的路口，就随机挑选一条路走，同时释放与路径长度有关的信息素，信息素的浓度与路径长度成反比。后来的蚂蚁再次碰到该路口时,蚂蚁在选择下一个要转移的城市时候是基于概率选择的,选择信息素浓度较高的路径,最优路径上的信息素浓度越来越高,最终蚁群找到最优寻食路径。

(2) **蚁群算法与 TSP 问题**。将 m 个蚂蚁随机地放在多个城市,让这些蚂蚁从所在的城市出发,n 步(一个蚂蚁从一个城市到另外一个城市为一步)之后返回出发的城市。如果 m 个蚂蚁走出的 m 条路径对应的最短者不是 TSP 问题的最短路程,则重复这一过程,直至寻找到满意的 TSP 问题的最短路径为止。

(3) **路径构建**。蚁群系统中的随机比例规则:对于每只蚂蚁,路径记忆向量按照访问顺序记录了所有已经经过的城市序号。设蚂蚁 k 当前所在城市为 i,其选择城市作为下一个访问对象的概率为

$$p_k(i,j) = \begin{cases} \dfrac{[\tau(i,u)]^\alpha [\eta(i,j)]^\beta}{\displaystyle\sum_{j \in J_k(i)} [\tau(i,u)]^\alpha [\eta(i,u)]^\beta}, & j \in J_k(i) \\ 0, & \text{其他} \end{cases} \tag{3-15}$$

其中,在 TSP 问题中,每次循环当中,每只蚂蚁走出的每条路径为 TSP 问题的候选解,m 只蚂蚁一次循环走出的 m 条路经为 TSP 问题的一个解子集,所以这个解子集越大则算法的全局搜索能力越强,但是过大会使算法的收敛速度降低。如果 m 太小,算法也很容易陷入局部最优,过早地出现停滞现象。α 为信息素重要程度因子,反映了蚂蚁在从城市 i 向城市 j 移动时,这两个城市之间道路上累积的信息素在指导蚂蚁选择城市 j 的程度,即蚁群在路径搜索中随机性因素作用的强度。α 值越大,蚂蚁选择之前走过的路径的可能性越大,搜索路径的随机性减弱,α 越小,蚁群搜索范围就会减小,容易陷入局解最优。β 为启发函数重要程度因子,β 值越大,蚁群就越容易选择局部较短路径,这时算法的收敛速度是加快了,但是随机性却不高,容易得到局部的相对最优。τ 为禁忌表,用于存放第 k 只蚂蚁已经走过的城市。根据式(3-14),τ 与 ρ 密切相关,ρ 为信息素挥发因子,且 $0 \leqslant \rho \leqslant 1$,$1-\rho$ 为信息残留因子。ρ 过小时,在各路径上残留的信息素过多,导致无效的路径继续被搜索,影响到算法的收敛速率;ρ 过大,虽然可以排除搜索无效的路径,但是不能保证有效的路径不会被放弃搜索,影响到最优值的搜索,在 AS 算法中通常设置为 $\rho=0.5$。

经过 150 次迭代,对 50 个城市求最优路径,结果是 24722.0443,执行后的效果如图 3.15 和图 3.16 所示。

3.2.8　蚁群算法的总结与展望

蚁群算法作为一种新的仿生启发式优化算法,虽然刚问世不久,但它在解决复杂组合优化问题方面,显示出了明显的优势。蚁群算法具有较强的鲁棒性、通用性和并行搜索等优点,但搜索时间较长,在算法模型、收敛性及理论依据等方面还有许多工作有待进一步深入研究。蚁群算法在如下几个方面可以做进一步的探讨。

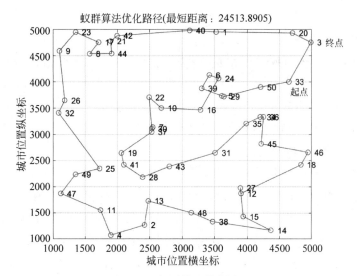

图 3.15　蚁群算法优化路径

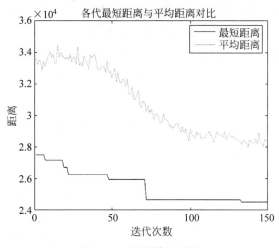

图 3.16　蚁群算法效果

1. 蚁群算法基础数学理论的研究

蚁群算法的发展需要坚实的理论基础,目前这方面的研究成果还比较匮乏。虽然可以证明某几类蚁群的收敛性,目前收敛性的证明并没有说明要找到至少一次最优解需要的计算时间,即使算法能够找到最优解,付出的计算时间也可能是个天文数字。此外,蚁群算法收敛的严格数学证明,在更强的概率意义下的收敛条件,蚁群算法中信息素挥发对算法收敛性的影响,蚁群算法动力模型及根据其动力学模型对算法进行性能分析,蚁群算法最终收敛至全局最优解时间的复杂度等问题也需要进一步的研究。运用蚁群算法处理各种问题时,选择什么样的编码方案、什么样的参数组合以及如何设置算法中人工信息素等,只能具体问题具体分析,目前并没有通用的、严密的、科学的模型和方法。要想进一步推动蚁群算法的应用和发展,就迫切需要宏观理论的指导。

2. 蚁群算法自身的发展

可以考虑从新的角度对蚁群算法进行改进,比如概率方法、多种群策略、蚁群之间信息共享机制的改进以及引入其他优化算法等,蚁群算法是基于种群的方法(population based method),具有并行性,可以进一步对算法的并行化进行研究。在蚁群算法自身方面加大改进,控制参数范围,避免由于参数过大或者过小而陷入局部最优。

3. 与其他算法的比较与结合

蚁群算法应用领域的拓宽还应与其他相关学科进行交叉研究。蚁群算法目前最为成功的应用是大规模的组合优化问题,下一步应将蚁群引入到更多的应用领域(如自动控制和机器学习等),并与这些相关的学科进行深层次的交叉研究,进一步促进算法的研究和发展。此外,蚁群具有很强的耦合性,易与其他传统优化算法或者启发式算法结合,但 M. Dorigo 博士指出,蚁群算法与分布估计算法(Estimation of Distribution Algorithm,EDA)、图模型(graphical model)和贝叶斯网络(Bayesian network)等概率学方法之间的关系尚不明确,这方面的工作还需要继续探索下去。以后研究中应以耦合算法为一个重要研究方向,将蚁群和其他仿生算法结合,以达到取长补短的效果。近期已经取得一定成果的是与免疫算法的结合以及和遗传算法的结合,和其他算法的融合有待进一步的扩展。

4. 蚁群算法应用领域的拓展

蚁群算法已经被引入很多领域发挥其优化能力。目前应用较多的是静态组合优化问题,如何改进将其应用于动态组合优化问题和连续优化问题是一个值得探索的方向。

第4章

神 经 计 算

4.1 BP 神经网络

4.1.1 BP 神经网络的概念

1986 年以 Rumelhart 和 McClelland 为首的科学家提出了 BP 神经网络的概念,BP 神经网络是一种按照误差逆向传播算法训练的多层前馈神经网络,是应用最广泛的神经网络。

BP 神经网络模拟了大脑神经网络的结构,而大脑传递信息的基本单位是神经元,大脑中有大量的神经元,每个神经元与多个神经元相连接。BP 神经网络是一种简化的生物模型,每层神经网络都是由神经元构成的,单独的每个神经元相当于一个感知器。

BP 神经网络是一种典型的神经网络,广泛应用于各种分类系统。BP 神经网络包括训练和使用两个阶段,训练阶段是 BP 神经网络能够投入使用的基础和前提,而使用阶段本身是一个非常简单的过程,也就是给出输入。BP 神经网络会根据已经训练好的参数进行运算,得到输出结果。

4.1.2 BP 神经网络的模型

BP 算法包括数据流的正向传播过程以及误差信号的反向传播过程。BP 神经网络使用最速下降法的学习规则,通过反向传播不断调整网络的权重和阈值,使网络的误差平方和最小。

1. BP 神经网络结构

如图 4.1 所示,BP 神经网络模型拓扑结构包括输入层(input layer)、隐层(hidden layer)和输出层(output layer)。

图 4.2 给出了第 j 个基本 BP 神经元,它只模仿了生物神经元所具有的 3 个最基本也是最重要的功能:加权、求和与转移。其中,$x_1, x_2, \cdots, x_i, \cdots, x_n$ 分别表示来自神经元 1,2,$\cdots, i, \cdots, n$ 的输入;$w_{j1}, w_{j2}, \cdots, w_{ji}, \cdots, w_{jn}$ 则分别表示神经元 1,2,$\cdots, i, \cdots, n$ 与第 j

个神经元的连接的权重；b_j 为阈值；$f(\cdot)$ 为传递函数；y_j 为第 j 个神经元的输出。

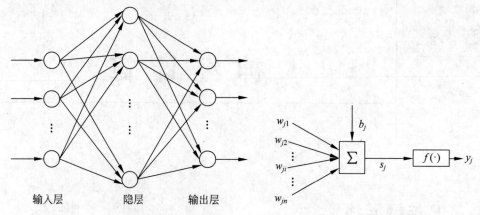

图 4.1　BP 神经网络结构示意图　　　　图 4.2　基本 BP 神经元

第 j 个神经元的净输入值 S_j 为：

$$S_j = \sum_{i=1}^{n} w_{ji} \cdot x_i + b_j = \boldsymbol{W}_j \boldsymbol{X} + b_j \tag{4-1}$$

如果 $x_0 = 1, w_{j0} = b_j$，则有：

$$S_j = \sum_{i=0}^{n} w_{ji} \cdot x_i = \boldsymbol{W}_j \boldsymbol{X} \tag{4-2}$$

其中，$\boldsymbol{X} = [x_0 \ x_1 \ x_2 \cdots x_i \cdots x_n]^{\mathrm{T}}, \boldsymbol{W}_j = [w_{j0} \ w_{j1} \ w_{j2} \cdots w_{ji} \cdots w_{jn}]$。

净输入值 S_j 通过传递函数 $f(\cdot)$ 后便得到第 j 个神经元的输出 y_j：

$$y_j = f(S_j)$$

$$= f\left(\sum_{i=0}^{n} w_{ji} \cdot x_i\right)$$

$$= f(\boldsymbol{W}_j \boldsymbol{X}) \tag{4-3}$$

其中，$f(\cdot)$ 是单调递增函数且必须有界，因为细胞传递的信号不可能无限增加，必有一最大值。

2. 正向传播过程

如图 4.3 所示，若 BP 网络有 n 个输入层节点，q 个隐层节点，m 个输出层节点，设输入层与隐层之间的权重为 v_{ki}，隐层与输出层之间的权重为 w_{jk}，当隐层传递函数和输出层传递函数分别为 $f_1(\cdot)$、$f_2(\cdot)$ 时，隐层节点的输出为

$$Z_k = f_1\left(\sum_{i=0}^{n} v_{ki} x_i\right) \tag{4-4}$$

输出层节点的输出为

$$y_j = f_2 \left(\sum_{k=0}^{q} w_{jk} z_k \right) \tag{4-5}$$

最后可以得到一个 n 维空间向量对 m 维空间的近似映射。

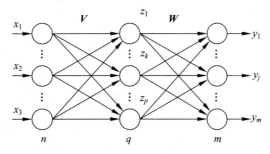

图 4.3　3 层 BP 神经网络

3. 误差反向传播过程

假设有 P 个学习样本,用 $x^1, x^2, \cdots, x^l, \cdots x^P$ 表示。第 l 个样本输入到网络后得到输出 y_j^l,其中 $j = 1, 2, \cdots, m$。假定对 x^l 样本神经网络的输出期望值为 $\hat{y}_l = (\hat{y}_1^l, \hat{y}_2^l, \cdots, \hat{y}_m^l)$ 采用平方型误差函数,于是得到第 l 个样本的误差 E_l 为

$$E_l = \frac{1}{2} \sum_{j=1}^{m} (\hat{y}_j^l - y_j^l)^2 \tag{4-6}$$

对于 P 个样本,全局误差为

$$E = \frac{1}{2} \sum_{l=1}^{P} \sum_{j=1}^{m} (\hat{y}_j^l - y_j^l)^2 = \sum_{l=1}^{P} E_l \tag{4-7}$$

下一步采用累计误差 BP 算法调整权重 w_{jk},使全局误差 E 变小,给定学习率 η 有:

$$\Delta w_{jk} = -\eta \frac{\partial E}{\partial w_{jk}} = -\eta \frac{\partial}{\partial w_{jk}} \left(\sum_{l=1}^{P} E_l \right) = \sum_{l=1}^{P} \left(-\eta \frac{\partial E_l}{\partial w_{jk}} \right) \tag{4-8}$$

定义误差信号为

$$\delta_{yj} = -\frac{\partial E_l}{\partial S_j} = -\frac{\partial E_l}{\partial y_j} \cdot \frac{\partial y_j}{\partial S_j} \tag{4-9}$$

其中:

$$\frac{\partial E_l}{\partial y_j} = \frac{\partial}{\partial y_j} \left[\frac{1}{2} \sum_{j=1}^{m} (\hat{y}_j^l - y_j^l)^2 \right] = -\sum_{j=1}^{m} (\hat{y}_j^l - y_j^l) \tag{4-10}$$

$$\frac{\partial y_j}{\partial S_j} = f_2'(S_j) \tag{4-11}$$

可得:

$$\frac{\partial E_l}{\partial w_{jk}} = \frac{\partial E_l}{\partial S_j} \cdot \frac{\partial S_j}{\partial w_{jk}} = -\delta_{yj} \cdot z_k = -\sum_{j=1}^{m} (\hat{y}_j^l - y_j^l) f_2'(S_j) \cdot z_k \tag{4-12}$$

于是式(4-8)调整为

$$\Delta w_{jk} = \sum_{l=1}^{P} \sum_{j=1}^{m} \eta (\hat{y}_j^l - y_j^l) f_2'(S_j) z_k \tag{4-13}$$

类似可得,隐层权重的调整公式:

$$\Delta v_{ki} = \sum_{l=1}^{P} \sum_{j=1}^{m} \eta (\hat{y}_j^l - y_j^l) f_2'(S_j) w_{jk} f_1'(S_k) x_i \tag{4-14}$$

学习率 $\eta \in (0,1)$ 可控制每一轮迭代时的更新步长,如果学习率设定过大,收敛速度快但容易发生振荡,学习率设定过小需要迭代次数多,收敛会变慢。

通过晦涩的公式完全理解反向传播算法是比较困难的,下面通过一个详细的实例更好地理解反向传播算法。为了尽可能简单易于理解,没有计算复杂的神经网络反向传播过程,复杂的计算可以通过计算机完成,只要理解简单的神经网络反向传播过程就可以做到举一反三,利用足够强大的计算机实现对复杂网络的计算。

【例 4-1】 图 4.4 所示为一个简单的 3 层神经网络,这个网络有两个输入、一个输出,假设输入层 (x_1, x_2),输出层 y,隐层为 (z_1, z_2),输入层和隐层之间和隐层与输出层之间共有 6 个权重分别为 v_{11}、v_{12}、v_{21}、v_{22}、w_{11}、w_{12},完成此网络的训练。

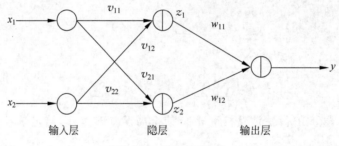

图 4.4 3 层神经网络

解:在了解网络结构后,开始考虑这个网络的初始参数,6 个权重可以通过随机的方式生成初始权重,无论是 Python 还是 MATLAB 都可以使用对应的函数生成随机数,但值得注意的是,随机数的范围不能没有限制,一般要求范围为 $(1,-1)$,激活函数使用 Sigmoid 函数,学习率设为 0.6。

现在开始训练网络,假设第一条数据输入为 $(-0.3,0.7)$,目标输出为 0.1。首先随机获取 6 个初始权重:

$$v_{11} = 0.2, \quad v_{12} = 0.8, \quad v_{21} = -0.7, \quad v_{22} = -0.5, \quad w_{11} = -0.3, \quad w_{12} = -0.5$$

为了思路更加清晰,需要时刻关注网络参数的变化,图 4.5 为当前的网络,同时标注了当前网络的权重参数以及各个节点当前的数值。

对输入层到隐层节点进行加权求和:

$$-0.3 \times 0.2 + 0.7 \times 0.8 = 0.5$$

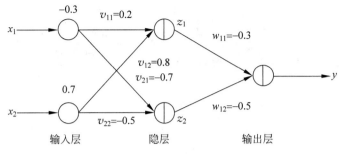

图 4.5　神经网络迭代

$$-0.3 \times (-0.7) + 0.7 \times (-0.5) = -0.14$$

执行 Sigmoid 激活函数：

$$\mathrm{logsig}(0.5) = \frac{1}{1 + \mathrm{e}^{-0.5}} = 0.622$$

$$\mathrm{logsig}(-0.14) = \frac{1}{1 + \mathrm{e}^{0.14}} - 0.535$$

如图 4.6 所示为当前神经网络的情况。

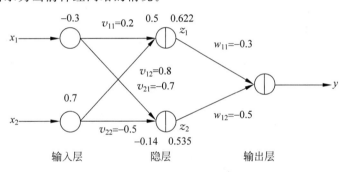

图 4.6　神经网络迭代第二步

对隐层到输出层节点进行加权求和：

$$0.622 \times (-0.3) + 0.535 \times (-0.5) = -0.454$$

执行输出层的 Sigmoid 激活函数：

$$\mathrm{logsig}(-0.454) = \frac{1}{1 + \mathrm{e}^{0.454}} = 0.388$$

至此完成了信号的正向传播，图 4.7 所示为当前神经网络的情况。

输出结果为 0.388，与预期输出 0.1 不符，下面计算样本的误差和残差，这里的残差指的是误差的偏导数。其中，误差为

$$(0.388 - 0.1)^2 = 0.083$$

残差为

$$-(0.388 - 0.1) \times 0.388 \times (1 - 0.388) = -0.068$$

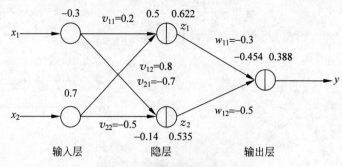

图 4.7 神经网络迭代第三步

接下来开始反向传播,对输出层到隐层加权求和:

$$-0.068 \times (-0.3) = 0.020$$

$$-0.068 \times (-0.5) = 0.034$$

接着求隐层的残差:

$$0.020 \times 0.622 \times (1-0.622) = 0.005$$

$$0.034 \times 0.535 \times (1-0.535) = 0.008$$

图 4.8 所示为当前 BP 神经网络误差反向传播的情况,输出层的残差为 -0.068,隐层的残差分别为 0.005 和 0.008。

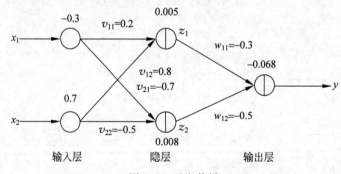

图 4.8 反向传播

现在更新输入层到隐层之间的权重,设置学习率为 0.6,由上到下权重需更新幅度为

$$0.3 \times 0.005 \times 0.6 = 0.0009$$

$$0.3 \times 0.008 \times 0.6 = 0.0014$$

$$-0.7 \times 0.005 \times 0.6 = -0.0021$$

$$-0.7 \times 0.008 \times 0.6 = -0.0034$$

更新后的权重为

$$0.2 + 0.0009 = 0.2009$$

$$-0.7 + 0.00014 = -0.69986$$

$$0.8 - 0.0021 = 0.7979$$

$$-0.5 - 0.0034 = -0.5034$$

如图 4.9 所示,可以发现输入层到隐层的权重发生了变化,这里可以真正地了解到训练的本质其实就是不断改变各个节点之间的连接权重。

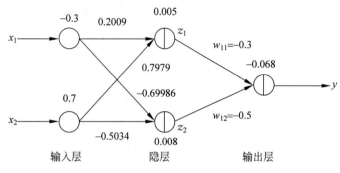

图 4.9 权重变化

更新隐层到输出层之间的权重,学习率依然为 0.6:

$$0.622 \times (-0.068) \times 0.6 = -0.0254$$

$$0.535 \times (-0.068) \times 0.6 = -0.0218$$

更新后的权重为:

$$-0.3 - 0.0254 = -0.3254$$

$$-0.5 - 0.0218 = -0.5218$$

如图 4.10 所示,该 BP 神经网络的 6 个权重值都发生了变化,至此,完成了一次"学习",实质上完成了一次梯度下降和权重的更新,通过例 4-1 可以具体了解了 BP 神经网络是如何运作的。

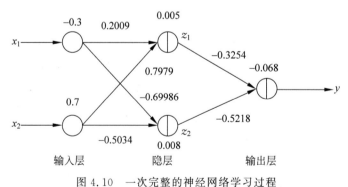

图 4.10 一次完整的神经网络学习过程

4.1.3 BP 神经网络的特性

BP 神经网络具有如下优点。

(1) 非线性映射能力。BP 神经网络实质上实现了一个从输入到输出的映射功能,数学理论证明 3 层的神经网络就能够以任意精度逼近任何非线性连续函数。这使得其特别适合于求解内部机制复杂的问题,即 BP 神经网络具有较强的非线性映射能力。

(2)自学习和自适应能力。BP 神经网络在训练时,能够通过学习自动提取输入、输出数据间的"合理规则",并自适应地将学习内容记忆于网络的权重中,即 BP 神经网络具有高度自学习和自适应的能力。

(3)泛化能力。所谓泛化能力是指在设计模式分类器时,既要考虑网络保证对所需分类对象进行正确分类,还要关心网络在经过训练后,能否对未见过的模式或有噪声污染的模式进行正确的分类。即 BP 神经网络具有将学习成果应用于新知识的能力。

(4)容错能力。BP 神经网络在其局部的或者部分的神经元受到破坏后对全局的训练结果不会造成很大的影响,也就是说即使系统在受到局部损伤时还是可以正常工作的。即 BP 神经网络具有一定的容错能力。

鉴于 BP 神经网络的这些优点,国内外不少研究学者都对其进行了研究,并运用网络解决了不少应用问题。但是随着应用范围的逐步扩大,BP 神经网络也暴露出了越来越多的缺点和不足。

(1)局部极小化问题。从数学角度看,传统 BP 神经网络是一种局部搜索的优化方法,它要解决的是一个复杂的非线性化问题,网络的权重是通过沿局部改善方向逐渐进行调整的,这样会使算法陷入局部极值,权重收敛到局部极小点,从而导致网络训练失败。BP 神经网络对初始网络权重非常敏感,以不同的权重初始化网络,其往往会收敛于不同的局部极小,这也是很多学者每次训练得到不同结果的根本原因。

(2)BP 神经网络算法的收敛速度慢。由于 BP 神经网络算法本质上为梯度下降法,它所要优化的目标函数是非常复杂的,因此,必然会出现"锯齿形现象",这使得 BP 算法低效;又由于优化的目标函数很复杂,它必然会在神经元输出接近 0 或 1 的情况下,出现平坦区,在这些区域内,权重误差改变很小,使训练过程几乎停顿。BP 神经网络模型中,为了使网络执行 BP 算法,不能使用传统的一维搜索法求每次迭代的步长,而必须把步长的更新规则预先赋予网络,这种方法也会引起算法低效。以上种种导致了 BP 神经网络算法收敛速度慢的现象。

(3)BP 神经网络结构选择不一。BP 神经网络结构的选择至今尚无一种统一而完整的理论指导,一般只能由经验选定。网络结构选择过大,训练中效率不高,可能出现过拟合现象,造成网络性能低,容错性下降;若选择过小,则又会造成网络可能不收敛。而网络的结构直接影响网络的逼近能力及推广性质。因此,应用中如何选择合适的网络结构是一个重要的问题。

(4)应用实例与网络规模的矛盾问题。BP 神经网络难以解决应用的实例规模和网络规模间的矛盾,其涉及网络容量的可能性与可行性的关系,即学习复杂性问题。

(5)BP 神经网络预测能力和训练能力的矛盾问题。预测能力也称泛化能力或者推广能力,而训练能力也称逼近能力或者学习能力。一般情况下,训练能力差时,预测能力也差,并且一定程度上,随着训练能力提高,预测能力会得到提高。但这种趋势不是固定的,其有一个极限,当达到此极限时,随着训练能力的提高,预测能力反而会下降,也即出现所谓过拟合现象。出现该现象的原因是网络学习了过多的样本细节导致,学习出的模型已不能反映样本内含的规律,所以如何把握好学习的度,解决网络预测能力和训练能力间矛盾问题也是BP神经网络的重要研究内容。

(6) BP 神经网络样本依赖性问题。网络模型的逼近和推广能力与学习样本的典型性密切相关,而从问题中选取典型样本实例组成训练集是一个很困难的问题。

4.1.4 BP 神经网络的相关应用与 MATLAB 算例

BP 神经网络广泛应用于各种分类系统以及预测系统,下面的实例是一个简单的应用。

【例 4-2】 表 4-1 为某药品的销售情况,现构建一个 3 层 BP 神经网络对药品的销售进行预测,输入层有 3 个节点,隐层节点数为 5,隐层的激活函数为 tansig;输出层节点数为 1,输出层的激活函数为 logsig,利用此网络对药品的销售量进行预测。预测方法采用滚动预测方式,即用前 3 个月的销售量来预测第 4 个月的销售量,如用 1、2、3 月的销售量为输入预测第 4 个月的销售量,用 2、3、4 月的销售量为输入预测第 5 个月的销售量,如此反复直至满足预测精度要求为止。

表 4-1　某药品的销售情况

月份	1	2	3	4	5	6
销量	2056	2395	2600	2298	1634	1600
月份	7	8	9	10	11	12
销量	1873	1478	1900	1500	2046	1556

解: MATLAB 程序如下:

```
% 以每三个月的销售量经归一化处理后作为输入
P = [0.5152   0.8173   1.0000;
     0.8173   1.0000   0.7308;
     1.0000   0.7308   0.1390;
     0.7308   0.1390   0.1087;
     0.1390   0.1087   0.3520;
     0.1087   0.3520   0.0000;]';
% 以第 4 个月的销售量归一化处理后作为目标向量
T = [0.7308 0.1390 0.1087 0.3520 0.0000 0.3761];
% 创建一个 BP 神经网络,每个输入向量的取值范围为[0,1],5 个隐层神经元,一个输出层神经元
% 隐层的激活函数 tansig,输出层激活函数 logsig,训练函数为梯度下降函数.
net = newff([0 1;0 1;0 1],[5,1],{'tansig','logsig'},'traingd');
net.trainParam.epochs = 15000;
net.trainParam.goal = 0.01;
LP.lr = 0.1;  % 设置学习速率为 0.1
net = train(net,P,T);
```

得到的预测效果与实际存在一定误差,此误差可以通过增加运行步数和提高预设误差精度进一步缩小。

4.1.5　BP 神经网络的算法改进

BP 算法理论具有依据可靠、推导过程严谨、精度较高、通用性较好等优点,但标准 BP 算法存在以下缺点:收敛速度缓慢;容易陷入局部极小值;难以确定隐层数和隐层节点个数。在实际应用中,BP 算法很难胜任,因此出现了很多改进算法。

1. 动量法改进 BP 算法

标准 BP 算法实质上是一种简单的最速下降静态寻优方法,在修正 $W(K)$ 时,只按照第 K 步的负梯度方向进行修正,而没有考虑到以前积累的经验,即以前时刻的梯度方向,从而使学习过程发生振荡,收敛缓慢。动量法权重调整算法的具体做法是:将上一次权重调整量的一部分迭加到按本次误差计算所得的权重调整量上,作为本次的实际权重调整量,即

$$\Delta W_n = -\eta \Delta E_n + \alpha \Delta W_{n-1} \tag{4-15}$$

其中,α 为动量系数,通常 $0 < \alpha < 0.9$;η 为学习率,范围为 $0.001 \sim 10$。这种方法所加的动量因子实际上相当于阻尼项,它减小了学习过程中的振荡趋势,改善了收敛性。动量法降低了网络对于误差曲面局部细节的敏感性,有效地抑制了网络陷入局部极小。

标准 BP 算法收敛速度缓慢的一个重要原因是学习率选择不当,学习率选得太小,收敛太慢;学习率选得太大,则有可能修正过头,导致振荡甚至发散。此时,可采用图 4.11 所示的自适应方法调整学习率。

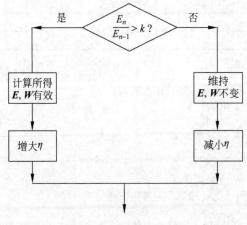

图 4.11　自适应学习

调整的基本指导思想是:在学习收敛的情况下,增大 η,以缩短学习时间;当 η 偏大致使不能收敛时,要及时减小 η,直到收敛为止。

采用动量法时,BP 算法可以找到更优的解;采用自适应学习速率法时,BP 算法可以缩

短训练时间。将以上两种方法结合起来,就得到动量-自适应学习速率调整算法。

L-M(Levenberg-Marquardt)算法比前述几种使用梯度下降法的 BP 算法要快得多。但对于复杂问题,这种方法需要相当大的存储空间,其增量方程为

$$(\boldsymbol{J}^\mathrm{T}\boldsymbol{W}\boldsymbol{J} + \lambda)\delta x = -\boldsymbol{J}^\mathrm{T}\boldsymbol{W}\Delta z \tag{4-16}$$

L-M 算法重点是参数 λ 的选取,当 λ 无穷大时相当于梯度下降法,趋于 0 时相当于高斯牛顿法。建议首先设置一个初始的 λ_0 和一个系数 $v > 1$,然后分别以 $\lambda = \lambda_0$ 和 $\lambda = \lambda_0/v$ 进行更新并计算代价函数,如果代价函数增大,就连续乘以 v 直到找到可以使代价函数减小的值。

2. 损失函数的改进

一般 BP 网络中常用的激活函数是 Sigmod 函数,从 Sigmod 的图像中就可以看出,在神经网络的训练过程中,当最后一层的输出接近 0 或 1 时,会导致梯度消失,神经网络的学习速度会变慢。此时,定义交叉熵代价函数:

$$C = \frac{1}{n}\Big(\sum_{n_x} -y\ln a^L + (1-y)\ln(1-a^L)\Big) \tag{4-17}$$

$$\frac{\partial C}{\partial \boldsymbol{w}_j^l} = \frac{1}{n}\sum_{n_x}\Big(-\frac{y}{a^L} + \frac{1-y}{1-a^L}\Big)\frac{\partial\sigma(z^L)}{\partial \boldsymbol{w}_j^l}a_j^{l-1} \tag{4-18}$$

其中,$\boldsymbol{w}_j^l = (w_{j,1}^l, w_{j,2}^l, \cdots, w_{j,l-1}^l)$ 表示第 $l-1$ 层每个神经元到第 l 层第 j 个神经元的权重;a^l 表示第 l 层的输出,表达式为 $a^l = \sigma(z^{l-1})$,$l = 2,3,\cdots,L$,L 为神经网络的层数;$z^l = w_j'a^{l-1} + b^l$,式(4-18)可以改写为:

$$\frac{\partial C}{\partial \boldsymbol{w}_j^l} = \frac{1}{n}\sum_{n_x}\Big(-\frac{y}{a^L} + \frac{1-y}{1-a^L}\Big)\frac{\partial\sigma(z^L)}{\partial z^l}\frac{\partial z^l}{\partial \boldsymbol{w}_j^l}a_j^{l-1} \tag{4-19}$$

可得:

$$\frac{\partial C}{\partial \boldsymbol{w}_j^l} = \frac{1}{n}\sum_{n_x}(a^L - y)\frac{\partial\sigma(z^L)}{\partial z^l}\frac{\partial z^l}{\partial \boldsymbol{w}_j^l}a_j^{l-1} \tag{4-20}$$

式(4-20)解决了当输出层与样本结果偏差较大时学习缓慢的缺点,并且它与最后一层的 $\sigma'(z^L)$ 无关,可以避免出现梯度消失的情况。

3. 贝叶斯正则化算法

除了上述方法外,贝叶斯正则化算法也可以优化 BP 神经网络,采用贝叶斯正则化算法可以提高 BP 网络的推广能力。

【例 4-3】 采用两种训练方法,即 L-M 优化算法(trainlm)和贝叶斯正则化算法(trainbr),训练 BP 网络,使其能够拟合某一附加有白噪声的正弦样本数据。

解：训练结果分别如图 4.12 和图 4.13 所示,MATLAB 实现代码如下。

```
% MATLAB 语句生成:
% 输入向量:P = [-1:0.05:1];
```

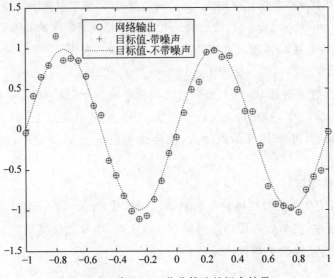

图 4.12　采用 L-M 优化算法的拟合结果

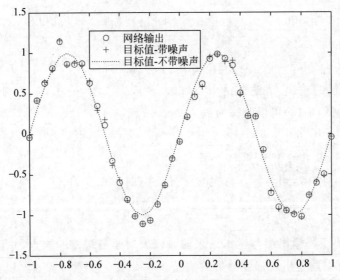

图 4.13　采用贝叶斯正则化优化算法的拟合结果

% 目标向量:randn('seed',78341223);
% T = sin(2 * pi * P) + 0.1 * randn(size(P));
% MATLAB 程序如下:
close all
clear all
clc
% NEWFF 表示生成一个新的前向神经网络,
% TRAIN 表示对 BP 神经网络进行训练,SIM 表示对 BP 神经网络进行仿真
% 定义训练样本向量

```
P = [-1:0.05:1];                                    %P为输入向量
randn('seed',78341223);
T = sin(2*pi*P) + 0.1*randn(size(P));               %T为目标向量
net = newff(minmax(P),[20,1],{'tansig','purelin'}); %创建一个新的前向神经网络
disp('1.L-M优化算法 TRAINLM'); disp('2.贝叶斯正则化算法 TRAINBR');
choice = input('请选择训练算法(1,2):');
if(choice == 1)
    net.trainFcn = 'trainlm';                       %采用L-M优化算法
    net.trainParam.epochs = 500;
    net.trainParam.goal = 1e-6;
    net = init(net);                                %重新初始化
    pause;
elseif(choice == 2)                                 %采用贝叶斯正则化算法
    net.trainFcn = 'trainbr';
    net.trainParam.epochs = 500;                    %设置训练参数
    net = init(net);                                %重新初始化
    pause;
end
[net,tr] = train(net,P,T);                          %调用相应算法训练BP神经网络
A = sim(net,P);                                     %对BP神经网络进行仿真
E = T - A;                                          %计算仿真误差
MSE = mse(E)
figure
plot(P,A,'o',P,T,'+',P,sin(2*pi*P),':');            %绘制匹配结果曲线
legend('网络输出','目标值-带噪声','目标值-不带噪声')
```

可以看到,经 trainlm 函数训练后的神经网络对样本数据点实现了"过度匹配",而经 trainbr 函数训练的神经网络对噪声不敏感,鲁棒性较好。

4. 遗传算法优化法

此前在使用 BP 网络时,权重与阈值可以在开始训练网络前给其赋值,换句话说,对神经网络的权重与阈值想怎么赋值就怎么赋值,当然赋值的结果一定会影响神经网络最终的预测性能。但是追求的目标是使神经网络最终的预测性能最佳,也就是说找到最佳的权重与阈值,这时可以用智能优化算法来对权重与阈值进行搜索,目前出现了很多种智能优化算法,例如使用遗传算法优化 BP 网络。

使用遗传算法对权重和阈值进行优化。因为权重和阈值都为实数,所以编码方式采用二进制编码。采用二进制编码时,可以更加方便使用谢菲尔德遗传算法工具箱。图 4.14 为遗传算法改进的 BP 神经网络流程。

主程序如下:

```
clc
grid onxlabel('遗传代数')
ylabel('误差的变化')
title('进化过程')
bestX = trace(1:end-1,end);
bestErr = trace(end,end);
```

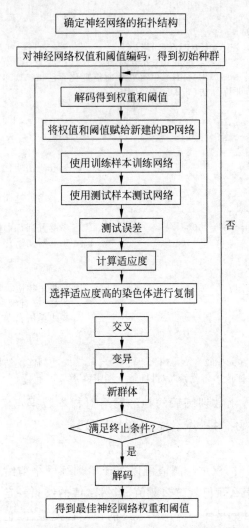

图 4.14　遗传算法改进的 BP 神经网络流程

```
fprintf(['最优初始权重和阈值:\nX = ',num2str(bestX),
'\n 最小误差 err = ',num2str(bestErr),'\n'])
% % 比较优化前后的训练 & 测试
callbackfun
```

求种群目标函数值代码如下:

```
function Obj = Objfun(X,P,T,hiddennum,P_test,T_test)
% % 用来分别求解种群中各个个体的目标值
% % 输入
% X:所有个体的初始权重和阈值
% P:训练样本输入
% T:训练样本输出
% hiddennum:隐层神经元数
```

```
% P_test:测试样本输入
% T_test:测试样本期望输出
% % 输出
% Obj:所有个体的预测样本的预测误差的范数
[M,N] = size(X);
Obj = zeros(M,1);
for i = 1:M
Obj(i) = BPfun(X(i,:),P,T,hiddennum,P_test,T_test);
end
```

常规的选择、交叉、变异、重插等操作，可以使用工具箱中的函数实现上述操作，代码如下：

```
FitnV = ranking(ObjV);                                  % 分配适应度值
SelCh = select('sus',Chrom,FitnV,GGAP);                 % 选择
SelCh = recombin('xovsp',SelCh,px);                     % 交叉
SelCh = mut(SelCh,pm);                                  % 变异
X = bs2rv(SelCh,FieldD);                                % 子代个体的十进制转换
ObjVSel = Objfun(X,P,T,hiddennum,P_test,T_test);        % 计算子代的目标函数值
[Chrom,ObjV] = reins(Chrom,SelCh,1,1,ObjV,ObjVSel);     % 将子代重插入父代,得到新种群
X = bs2rv(Chrom,FieldD);
```

一个个体由 4 部分组成：输入层到隐层的权重、隐层阈值、隐层到输出层的权重、输出层阈值，求一个个体目标函数值的代码如下：

```
function err = BPfun(x,P,T,hiddennum,P_test,T_test)
% % 训练 & 测试 BP 网络
% % 输入
% x:一个个体的初始权重和阈值
% P:训练样本输入
% T:训练样本输出
% hiddennum:隐层神经元数
% P_test:测试样本输入
% T_test:测试样本期望输出
% % 输出
% err:预测样本的预测误差的范数
inputnum = size(P,1);                                   % 输入层神经元个数
outputnum = size(T,1);                                  % 输出层神经元个数
% % 新建 BP 网络
net = newff(minmax(P),[hiddennum,outputnum],{'tansig','logsig'},'trainlm');
% % 设置网络参数:训练次数为 1000,训练目标为 0.01,学习速率为 0.1
net.trainParam.epochs = 1000;
net.trainParam.goal = 0.01;
LP.lr = 0.1;
net.trainParam.show = NaN;
% % BP 神经网络初始权重和阈值
w1num = inputnum * hiddennum;                           % 输入层到隐层的权重个数
w2num = outputnum * hiddennum;                          % 隐层到输出层的权重个数
w1 = x(1:w1num);                                        % 初始输入层到隐层的权重
B1 = x(w1num + 1:w1num + hiddennum);                    % 初始隐层阈值
```

```
w2 = x(w1num + hiddennum + 1:w1num + hiddennum + w2num);      % 初始隐层到输出层的阈值
B2 = x(w1num + hiddennum + w2num + 1:w1num + hiddennum + w2num + outputnum);      % 输出层阈值
net.iw{1,1} = reshape(w1,hiddennum,inputnum);
net.lw{2,1} = reshape(w2,outputnum,hiddennum);
net.b{1} = reshape(B1,hiddennum,1);
net.b{2} = reshape(B2,outputnum,1);                           % 训练网络
net = train(net,P,T);
% % 测试网络
Y = sim(net,P_test);
err = norm(Y - T_test);
```

4.2　深度神经网络

4.2.1　深度神经网络的概念

尽管神经网络在 20 世纪 40 年代就被提出了,但一直到 80 年代末期才有了第一个实际应用:识别手写数字的 LeNet。这个系统广泛地应用在支票数字识别上。而自 2010 年后,基于深度神经网络(Deep Neural Network,DNN)的应用爆炸式增长。

20 世纪 80 年代,Rumelhart、Williams、Hinton 等发明的多层感知机(Multi-Layer Perceptron,MLP)解决了之前无法模拟异或逻辑的缺陷,同时更多的层数也让网络更能够刻画现实世界中的复杂情形。顾名思义,多层感知机就是有多个隐层的感知机。

同时科学家们发现神经网络的层数直接决定了它对现实的刻画能力,随着神经网络层数的加深,优化函数越来越容易陷入局部最优解,并且这个"陷阱"越来越偏离真正的全局最优。利用有限数据训练的深层网络,性能还不如较浅层网络。同时,另一个不可忽略的问题是随着网络层数增加,梯度消失现象更加严重。

2006 年,Hinton 利用预训练方法缓解了局部最优解问题,将隐层推动到了 7 层,神经网络真正意义上有了"深度",由此揭开了深度学习的热潮。这里的"深度"并没有固定的定义。但是当层数过多时会发生梯度消失。为了克服梯度消失,ReLU、maxout 等传输函数代替了 Sigmoid,形成了如今深度神经网络的基本形式。

深度神经网络即人们常说的深度学习,深度学习在 2010 年前后得到巨大成功主要归因于三个因素。

(1) 训练网络所需的海量信息。学习一个有效的表示需要大量的训练数据。目前 Facebook 每天收到超过 3.5 亿张图像,Walmart 每小时产生 2.5PB 的用户数据,YouTube 每分钟有近 300 小时的视频上传。因此,云服务商有海量的数据可以用于算法训练。

(2) 充足的计算资源。半导体和计算机架构的进步提供了充足的计算能力,使得在合理的时间内训练算法成为可能。

(3) 算法技术的进化极大地提高了准确性并拓宽了 DNN 的应用范围。早期的 DNN

应用打开了算法发展的大门,它激发了许多深度学习框架的发展(大多数都是开源的),使众多研究者和从业者能够很容易地使用 DNN 网络。

ImageNet 挑战是机器学习成功的一个很好的例子。这个挑战涉及几个不同方向的比赛。第一个方向是图像分类,其中给定图像的算法必须识别图像中的内容。训练集由 120 万张图像组成,每张图像标有图像所含的 1000 个对象类别之一。然后,该算法必须准确地识别测试集中图像。

根据多年来 ImageNet 挑战中各年最佳参赛者的表现,最初算法的错误率在 25% 以上。2012 年,多伦多大学的一个团队使用 GPU 的高计算能力和深层神经网络方法 AlexNet,将错误率降低了约 10%。他们的成就导致了深度学习风格算法的流行及不断的改进。

ImageNet 挑战中使用深度学习方法的队伍和使用 GPU 计算的参与者数量都在相应增加。2012 年时,只有 4 只参赛队伍使用了 GPU,而到了 2014 年,几乎所有参赛者都使用了 GPU。这反映了从传统计算机视觉方法到深度学习的研究方式的完全转变。

在 2015 年,ImageNet 获奖作品 ResNet 超过人类水平准确率(Top-5 错误率低于 5%),将错误率降到 3% 以下。而目前 DNN 的重点也不过多地放在准确率的提升上,而是放在其他一些更具挑战性的方向上,如对象检测和定位。这些成功显然是 DNN 应用范围广泛的一个原因。

4.2.2　深度神经网络的模型

想要理解深度神经网络结构,首先就要了解感知机。感知机由科学家 Frank Rosenblatt 发明于 20 世纪 50 年代到 60 年代,他受到了来自 Warren McCulloch 和 Walter Pitts 的更早工作的启发。如今,通常 DNN 使用其他种类的人工神经元模型,在许多关于神经网络的最新工作里,主要使用的是一种叫作 Sigmoid 神经元(Sigmoid neuron)的神经元模型。图 4.15 为感知机结构示意图,可以看到感知机的模型有若干输入和一个输出。

由于神经元激活函数为 sign() 函数,只能得到输出结果 1 或者 -1,所以感知机模型只能实现二分类,对于更复杂的情况显得无能为力。当网络中含有多个感知机且相互连接时,就形成了深度神经网络模型,这样模型可以灵活地应用于分类、回归、降维和聚类等。

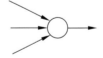

图 4.15　感知机神经网络结构示意图

1. 简单的深度神经网络

图 4.16 为简单的深度神经网络结构示意图,实际上深度神经网络可以有十几层甚至更多的层数,DNN 内部的神经网络可以分为输入层,隐层和输出层,一般第一层是输入层,最后一层是输出层,而中间层都是隐层。层与层之间是全连接的,即第 i 层的任意一个神经元一定与第 $i+1$ 层的任意一个神经元相连。

【例 4-4】　利用 MATLAB 构建一个 DNN 进行训练和测试。

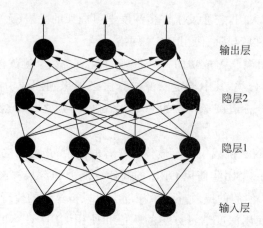

输出层

隐层2

隐层1

输入层

图 4.16 深度神经网络结构示意图

解：采用 MATLAB deep learning toolbox 实现 DNN，deep learning toolbox 的使用方法和 Keras 类似，训练模型可以归结为 4 步：定义训练数据→定义神经网络模型→配置学习过程→训练模型。

(1) 训练数据，采用的训练数据是仿真信号 $y = \cos(2\pi wt + \varphi)$，然后利用 awgn() 函数加入噪声。输入值是 y 的延迟信号中的一段，共 2000 个点，记为 x；输出值是 y 自身的某一点信号；二者存在对应关系。假设 y 为 $[12000, 1]$，则 x 的对应长度为 $[14000, 1]$。

(2) 划分训练集，因为 MATLAB 的支持文档都是针对图像或者文件，可以利用函数建立一个生成器，数据读进去，在 toolbox 目录下有 helperModClassFrameGenerator、helperModClassFrameStore 等作为参考。利用这些函数可以直接打乱数据集，划分训练集、验证集和测试集。

```
% main
xTrain = cell(12000,1);
yTrain = cell(12000,1);
for ii = 1:12000
xTrain{ii,1} = x(ii:ii + 2000 − 1)
yTrain{ii,1} = y(ii)
end
```

其中，xTrain 和 yTrain 是两个元胞数组，存储训练数据，xTrain 是网络输入，yTrain 是输出。

(3) 搭建网络模型。搭建 MATLAB 的神经网络模型层搭建方式和 Keras 类似，但比 Keras 少了很多内容，新建层也会比 Keras 难一些，MATLAB 也可以直接读取 Python 建立的模型，具体操作可以查阅相关资料。实验网络是一个 3 层的全连接网络，可以表示为：输入→全连接→tanh→全连接→输出。代码实现方式如下：

```
function net = k_models(inputsize)
    net = [
```

```
              sequenceInputLayer(inputsize,'Normalization','none','Name','Input Layer')
        fullyConnectedLayer(50,'Name','fc1')
        tanhLayer('Name','tanh1')
        fullyConnectedLayer(1,'Name','fc2')
        regressionLayer('Name','Output Layer')
        ];
     end
```

其中,最后的输出层定义了损失函数,整体网络也可以采用 MATLAB deep network designer 工具箱生成。MATLAB 提供了一个函数可以可视化网络。

```
% main
modnet = k_models(2000)
analyzeNetwork(modnet)
% 配置学习过程:
% main
options = trainingOptions('sgdm','InitialLearnRate',lr,'MaxEpochs',50,'MiniBatchSize',32,
'Shuffle','every - epoch','Plots','training - progress','Verbose',0,'LearnRateSchedule',
'piecewise',
'LearnRateDropFactor',0.1,'LearnRateDropPeriod',0.1,'ExecutionEnvironment','gpu')
```

函数 trainingOptions() 中包含了所有训练信息,比如梯度下降方式、学习率、Epoch、BatchSize 等,其中 Epoch 默认是全体数据。

Verbose 指是否将训练过程打印在命令行中,关掉可以提高程序运行的时间;Plots 指是否可视化训练效果,可以打开查看;ExecutionEnvironment 是运行环境采用 CPU 或者 GPU。其他参数可以在 trainingOptions() 函数中查阅。

(4) 训练模型非常简单,给出输入、输出、模型,训练信息即可。

```
% main
model = trainNetwork(xTrain,yTrain,modnet,options)
```

(5) 测试模型。xTest 是测试集,也是一个元胞数组;输出 z 和 yTrain 的格式相同,同为元胞数组,测试集与训练集不应存在重合,否则会影响最终的测试准确率。

```
% main
z = predict(model,xTest)
```

至此,完成了一个深度神经网络模型的建立基本过程,可以通过参考更多的实例资料掌握如何更好更合理地设定网络参数。

2. AlexNet

AlexNet 是 Alex Krizhevsky、Ilya Sutskever 和 Geoffrey Hinton 创造的大型的深度神经网络,这个深度神经网络赢得了 2010 和 2012 ILSVRC(ImageNet 大规模视觉识别挑战赛)冠军。2012 年是深度神经网络首次实现 Top-5 误差率达到 15.4%(Top-5 误差率是指给定一张图像,其标签不在模型认为最有可能的 5 个结果中的概率),当时的第二名误差率为 26.2%。AlexNet 也是深度学习和神经网络重新崛起的转折点,正是由于 AlexNet 在

ImageNet 竞赛中夺冠,深度学习正式进入学术界的视野。

AlexNet 的训练采用了 2 个 NVIDIA GTX 580 GPU,单个 NVIDIA GTX 580 GPU 只有 3GB 内存,这限制了可以在其上训练的网络的最大尺寸。LSVRC2010 数据集共有 120 万个训练样本。这个训练样本过于庞大,所以无法放在一个 GPU 上进行训练,因此一般将 AlexNet 网络分布在两个 GPU 上,因为 NVIDIA GTX 580 GPU 能够直接读取和写入彼此的内存,而无须通过主机内存实现并行化。所以特别适合跨 GPU 并行化。

在 AlexNet 训练过程中,一般采用 ReLU 函数作为激活函数。ReLU 函数不需要对输入进行归一化来防止饱和。只要训练样本产生一个正输入给 ReLU 函数,那么在这个神经元就开始学习了。但是,在有关 AlexNet 的论文中提出了使用局部响应归一化(Local Response Normalization,LRN)对神经元的输入进行改进。将坐标为 (x, y) 的像素在第 i 个核函数进行卷积操作之后,利用 ReLU 函数的非线性进行激活的神经元记作 $a_{x,y}^i$,$b_{x,y}^i$ 为 $a_{x,y}^i$ 对应的局部响应归一化的神经元。$b_{x,y}^i$ 的计算公式如下:

$$b_{x,y}^i = a_{x,y}^i / \left[k + \alpha \sum_{j-\max\left(0, i-\frac{n}{2}\right)}^{\min\left(N-1, i+\frac{n}{2}\right)} (a_{x,y}^i)^2 \right]^{\beta} \tag{4-21}$$

其中,n 代表与 $a_{x,y}^i$ 在同一坐标上最近相邻核映射个数,N 为该层核函数的深度。K、α、β 为超参数。

由于内核映射的顺序是任意的,在训练前就已经决定好了,则这种局部响应归一化实现了横向抑制,使得利用不同核计算得到的神经元输出之间产生了竞争。原始输出较大的值变得更大,而较小的值变得更小,即实现了抑制,在这样的机制下提高了模型泛化能力。

在 AlexNet 中,这项技术在卷积层 1 和卷积层 2 中使用,其中参数设置全部相同:

$$k = 2, \quad n = 5, \quad \alpha = 10^{-4}, \quad \beta = 0.75$$

图 4.17 所示为 AlexNet 架构,可以清楚地看到这是一个 8 层神经网络,下面逐层介绍 AlexNet 的架构。

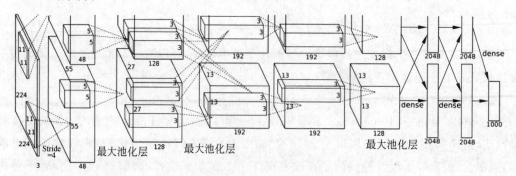

图 4.17　AlexNet 架构

卷积层 1(Conv1)的输入维度为 $224 \times 224 \times 3$,AlexNet 输入的起点就是 Conv1。内核维度为 $11 \times 11 \times 3 \times 96$,即由尺寸为 11 的 3 通道的滤波器与输入的原始图像进行卷积操作。卷积核沿原始图像的两个轴方向移动,移动的步长(stride)是 4 个像素。该层未做全 0 填充(padding)。根据图 4.17 的 AlexNet 网络架构,卷积之后的维度为 $55 \times 55 \times 96$,则输入图像维度应该为 $227 \times 227 \times 3$,由此可知输入图像输入到 AlexNet 之后进行了预处理,将原来的维度 $224 \times 224 \times 3$ 扩展到了 $227 \times 227 \times 3$。下面主要以处理后的图像作为输入。

经过卷积操作后的图像尺寸为

$$\frac{227 - 11}{4} + 1 = 55$$

卷积后的图像维度为 $55 \times 55 \times 96$。这 $55 \times 55 \times 96$ 的卷积结果被随机分成为两组,即 2 个 $55 \times 55 \times 48$。之后在 2 个 GPU 上分别利用 ReLU 非线性激活函数激活后送至最大池化层。Conv1 后的最大池化层(max pooling)的内核维度为 3×3,步长为 2,那么输入图像的尺寸为

$$\frac{55 - 3}{2} + 1 = 27$$

即输出结果为 2 个维度为 $27 \times 27 \times 48$ 的图像,图像合并为 $27 \times 27 \times 96$。Conv1 层进行 LRN 后再进行最大池化层操作。

卷积层 2(Conv2)的输入维度为 2 个 $27 \times 27 \times 48$,卷积内核尺寸为 2 个 $27 \times 27 \times 96$。步长为 1,在该层进行了全 0 填充,上下左右各填充 2 个像素。经历卷积操作之后的图像尺寸为

$$\frac{27 - 5 + 2 \times 2}{1} + 1 = 27$$

即 2 个 GPU 上的图像输入经过卷积后的图像维度均为 $27 \times 27 \times 128$。将卷积后的结果通过 ReLU 函数激活后送至最大池化层,其中,内核维度为 3×3,步长为 2。2 个 GPU 上经过最大池化层得到的图像尺寸为

$$\frac{27 - 3}{2} + 1 = 13$$

即图像维度为 $13 \times 13 \times 128$。与 Conv1 层一样,Conv2 层也在局部响应归一化后进行最大池化层的操作。将 2 个 GPU 的结果合并,此时图像维度为 $13 \times 13 \times 256$。

卷积层 3(Conv3)的输入维度为 $13 \times 13 \times 256$,卷积内核尺寸为 $3 \times 3 \times 256 \times 384$。步长为 1,在该层进行了全 0 填充,上下左右各填充 1 个像素。经历卷积操作之后的图像尺寸为

$$\frac{13 - 3 + 2 \times 1}{1} + 1 = 13$$

图像输入经过卷积之后的图像维度为 $13 \times 13 \times 384$。将卷积后的结果通过 ReLU 函数进行激活。

卷积层 4(Conv4)的输入维度为 $13\times13\times384$,卷积内核尺寸为 $3\times3\times384\times384$。步长为 1,在该层进行了全 0 填充,上下左右各填充 1 个像素。经历卷积操作之后的图像尺寸为

$$\frac{13-3+2\times1}{1}+1=13$$

图像输入经过卷积后的图像维度为 $13\times13\times384$。将卷积后的结果通过 ReLU 函数进行激活,之后还进行了局部响应归一化。将处理得到的结果平分成 2 组送至 2 个 GPU,平分后的图像维度均为 $13\times13\times192$。

卷积层 5(Conv5)输入维度为 2 个 $13\times13\times192$,卷积内核尺寸为 2 个 $3\times3\times192\times128$。步长为 1,在该层进行了全 0 填充,上下左右各填充 1 个像素。经历卷积操作之后的图像尺寸为

$$\frac{13-3+2\times1}{1}+1=13$$

图像输入经过卷积后的维度为 $13\times13\times128$。将卷积结果通过 ReLU 函数进行激活并进入最大池化层操作,内核维度为 3×3,步长为 2。经过最大池化后图像尺寸为

$$\frac{13-3}{2}+1=6$$

即该层图像维度为 2 个 $6\times6\times128$,并进行了局部响应归一化。将 2 个结果合并,图像维度变成 $6\times6\times256$。

全连接层 1(FC1)的网络可以看成是简单的前馈神经网络,其输入维度为 $6\times6\times256$。为了进行前向传播,必须将输入图像矩阵拉成一维向量,即转化为 $1\times(6\times6\times256)=1\times9216$。Conv5 层与 FC1 层之间权重的维度为 9216×4096,偏置的维度为 1×4096。前向传播结果的维度为 1×4096。激活函数运用的是 ReLU 函数。同时将 FC1 和 FC2 两层之间的权重进行 Dropout 处理,概率为 0.5。

全连接层 2(FC2)的输入维度为 1×4096,FC1 层与 FC2 层之间权重的维度为 4096×4096,偏置的维度为 1×4096。前向传播结果的维度为 1×4096。激活函数运用的是 ReLU 函数。同时加入 Dropout 层处理,概率为 0.5。

全连接层 3(FC3)的输入维度为 1×4096,FC2 层与 FC3 层之间权重的维度为 4096×1000,偏置的维度为 1×1000。前向传播结果的维度为 1×1000。激活函数运用的是 Softmax 函数。得到的 1000 维向量代表了 1000 中分类对应的概率。

Dropout 将每一个隐藏神经元的输出按一定概率被暂时从网络中"丢弃"。以这种方式被"踢出"的神经元不会参加前向传播,也不会加入反向传播。因此每次有输入时,神经网络都会采用不同的结构,但是所有这些结构都共享权重。这个技术降低了神经元之间复杂的联合适应性,因为一个神经元不依赖另一个特定的神经元存在,在连接其他神经元的多个不同随机子集时更具鲁棒性。

【例 4-5】　使用 AlexNet 对 Kaggle 的猫狗数据集进行训练和测试。

解：如图 4.18 所示，Kaggle 猫狗数据集中用于训练的图像为 12500 张，每张图像的尺寸大小都是有差异的，图像的命名格式为"标签＋标号"。将两种图像分别放在两个文件夹下，文件夹用标签命名，这样便于使用 MATLAB 自身构建数据集的函数。采用的软件为 MATLAB 软件。MATLAB 已经提供了 AlexNet 框架的实现，需要提前下载。

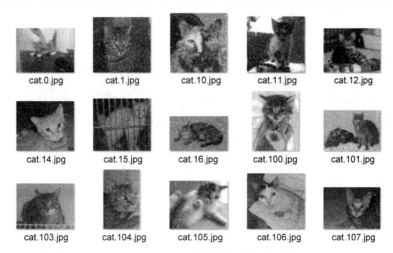

cat.0.jpg　　cat.1.jpg　　cat.10.jpg　　cat.11.jpg　　cat.12.jpg
cat.14.jpg　　cat.15.jpg　　cat.16.jpg　　cat.100.jpg　　cat.101.jpg
cat.103.jpg　　cat.104.jpg　　cat.105.jpg　　cat.106.jpg　　cat.107.jpg

图 4.18　Kaggle 猫狗数据集部分图像

（1）读取原始数据集：

```
imds = imageDatastore('E:\kaggle\train', ...
    'IncludeSubfolders',true, ...
    'LabelSource','foldernames');
```

在 imds＝imageDatastore(location,Name,Value) 函数中 location 指的是数据集位置（文件夹地址）；IncludeSubfolders 表示子文件夹包含标记（使用前文中提到的文件夹分类并命名）true 为指定，false 为不指定，默认不指定；FileExtensions 为图像文件扩展名，指定读取某一类型的图像文件。

（2）读取数据集数量：

```
numTrainImages = numel(imds.Labels);
```

（3）AlexNet 默认输入图像尺寸为 $227 \times 227 \times 3$，其中 3 指的是彩色图像的三通道。所以需要把数据集中的图像统一比例与像素大小：

```
for i = 1:numTrainImages
    s = string(imds.Files(i));
    I = imread(s);
    I = imresize(I,[227,227]);
    imwrite(I,s);
    s
```

```
end
```

（4）将原数据集 imds 按 7∶3 分割为训练数据集 imdsTrain 与测试数据集 imdsValidation，分割方式为随机按比例：

```
[imdsTrain,imdsValidation] = splitEachLabel(imds,0.7,'randomized');
```

（5）读取原始 AlexNet：

```
net = alexnet;
inputSize = net.Layers(1).InputSize
layersTransfer = net.Layers(1:end－3);
numClasses = numel(categories(imdsTrain.Labels));
```

inputSize 为读取该网络输入图像的尺寸，layersTransfer 表示获取 AlexNet 后三层之外的网络，保持不变，numClasses 表示获取已确定的数据集标签数（即分类数量，猫狗分类数量为 2）。

（6）更改最后全连接层，组建新网络：

```
layers = [
    layersTransfer
fullyConnectedLayer(numClasses,'WeightLearnRateFactor',20,'BiasLearnRateFactor',20)
    softmaxLayer
classificationLayer];
```

（7）训练 AlexNet 网络：

```
options = trainingOptions('sgdm', ...
    'MiniBatchSize',10, ...
    'MaxEpochs',6, ...
    'InitialLearnRate',1e－4, ...
    'Shuffle','every－epoch', ...
    'ValidationData',augimdsValidation, ...
    'ValidationFrequency',3, ...
    'Verbose',false, ...
    'Plots','training－progress');
```

（8）指定训练选项。对于迁移学习，需要保留预训练网络的较浅层中的特征（迁移的层权重）。要减慢迁移的层中的学习速度，需要将初始学习速率设置为较小的值。在第（7）步中增大了全连接层的学习率因子，可以加快新的最终层中的学习速度。这种学习率设置组合只会加快新层中的学习速度，对于其他层则会减慢学习速度。执行迁移学习时，所需的训练轮数相对较少。一轮训练是对整个训练数据集的一个完整训练周期。软件在训练过程中每 ValidationFrequency 次迭代验证一次网络。

（9）开始训练：

```
netTransfer = trainNetwork(augimdsTrain,layers,options);
```

如图 4.19 所示，由于 AlexNet 本身的结构问题，准确率（accuracy）基本在 92％上下波动,再加上迁移学习可以节省很多时间,所以可以使用样本很少的数据集。

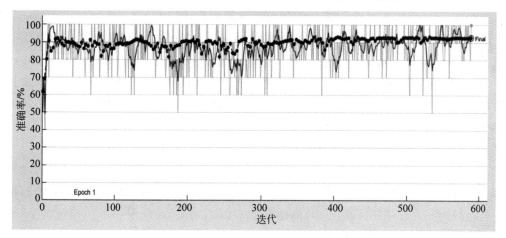

图 4.19   训练过程中的准确度变化

（10）在提到的测试数据集中随机抽取 20 张作为本次测试的数据集 idx,测试网络:

```
idx = randperm(numel(imdsValidation.Files),20);
[ YPred,   scores ]  =  classify ( netTransfer,
augimdsValidation);
figure
for i = 1:20
    subplot(5,4,i)
    I = readimage(imdsValidation,idx(i));
    imshow(I)
    label = YPred(idx(i));
    title(string(label));
end
```

图 4.20   测试得到的部分结果

如图 4.20 所示为测试得到的部分结果,数据集的质量对测试的结果也会有影响,数据集质量好的情况下,通过 AlexNet 得到的结果整体上会很不错。

4.2.3   深度神经网络的特性

相比感知机,DNN 加入了隐层,隐层可以有多层,增强模型的表达能力的同时也增加了模型的复杂度。输出层的神经元可以有多个输出,所以模型可以灵活地应用于分类回归。适当增加层数可以增加准确率,但增加过多也可能会适得其反,同时带来参数数量膨胀等问题。DNN 神经网络也适用于降维和聚类等其他领域,相比感知机通过使用不同的激活函数,神经网络的表达能力也能够进一步增强。除了这些优势之外 DNN 也存在如下局限。

（1）参数数量膨胀：由于 DNN 采用的是全连接形式，结构中的连接带来了较大数量级的权重参数，这不仅容易导致过拟合，也容易陷入局部最优。

（2）局部最优：随着神经网络的加深，优化函数更容易陷入局部最优，且偏离真正的全局最优，对于有限的训练数据，性能甚至不如浅层网络。

（3）梯度爆炸：由于初始化权重过大，前面层会比后面层变化得更快，会导致权重越来越大，就发生了梯度爆炸的现象。在深层网络或循环神经网络中，误差梯度可在更新中累积，变成非常大的梯度，然后导致网络权重的大幅更新，并因此使网络变得不稳定。在极端情况下，权重的值变得非常大，以至于溢出。

（4）梯度消失：前面的层比后面的层梯度变化更小，故变化更慢，从而引起了梯度消失问题。因为神经网络所用的激活函数是 Sigmoid 函数，Sigmoid 函数可以将负无穷到正无穷的数映射到 $[0,1]$，并且对函数求导的结果是 $f'(x)=f(x)[1-f(x)]$。因此两个 $[0,1]$ 的数相乘，得到的结果会变得很小。神经网络的反向传播是逐层对函数偏导相乘，因此当神经网络层数非常深的时候，最后一层产生的偏差因为乘了很多小于 1 的数而越来越小，最终就会变为 0，从而导致层数比较浅的权重没有更新，这就是梯度消失。

4.2.4　深度神经网络的应用

目前 DNN 已经广泛应用到各个领域，下面列举一些 DNN 已经产生深远影响的领域和未来可能产生巨大影响的领域。

（1）图像和视频：视频可能是大数据时代中最多的资源。它占据了当今互联网 70% 的流量，例如，世界范围内每天都会产生 80 亿小时的监控视频。计算机视觉需要从视频中抽取有意义的信息。DNN 极大地提高了许多计算机视觉任务的准确率，例如图像分类、物体定位和检测、图像分割及动作识别。

（2）语音和语言：DNN 也极大地提高了语音识别和许多其他相关任务的准确率，例如机器翻译、自然语言处理和音频生成等。

（3）医药：DNN 在基因学中扮演了重要的角色，它探究了许多疾病基因层面的原因，如孤独症、癌症和脊髓性肌萎缩等。它同样也被应用在医学图像检测中，用来检测皮肤癌、脑癌和乳腺癌等。

（4）游戏：近来，许多困难的 AI 挑战包括游戏都可以使用 DNN 的方法解决。这些成功需要训练技术上的创新以及强化学习（网络通过自身输出的结果进行反馈训练）。DNN 在 Atari 和围棋等游戏中已经有了超过人类的准确率。

（5）机器人：DNN 在一些机器人学的任务上同样取得了成功，例如机械臂抓取、运动规划、视觉导航、四旋翼飞行器稳定性控制以及无人驾驶汽车驾驶策略。DNN 目前已经有了很广泛的应用。将目光放向未来，DNN 会在医药和机器人领域扮演更重要的角色。同时，也会在金融（例如交易、能源预测和风险评估）、基础设施建设（例如结构安全性、交通控制)、天气预报和事件检测中有更多的应用。

(6) 嵌入式与云：不同的 DNN 应用和过程(training vs inference)有不同的计算需求。尤其是训练过程，需要一个较大的数据集和大量的计算资源进行迭代，因此需要在云端进行计算。而推理过程可以在云端或者终端进行(例如物联网设备或移动终端)。在 DNN 的许多应用中，需要在传感器附近完成推理过程，例如无人驾驶汽车、无人机导航或者机器人，处理过程就必须在本地进行，因为延迟和传输的不稳定性造成的安全风险过高。DNN 应用对视频进行处理计算相当复杂，因此能够高效分析视频的低成本硬件仍然是制约 DNN 应用的重要因素。能够执行 DNN 推理过程的嵌入式平台要有严格的能量消耗、计算和存储成本限制。

4.2.5 深度神经网络的优化

DNN 神经网络越深，性能不一定越好，当发生训练数据表现不好的情况时可以采用新的激活函数并调整学习率。

因为 Sigmoid 函数具有限制性，输出数值范围为 0～1，且在接近 0 和 1 的地方变化缓慢。当神经网络层数较多时，Sigmoid 函数经过多次反向传播后，梯度变化缓慢，学习效率很低。此时，可以采用新的激活函数如 ReLU 或 maxout 作为传输函数。

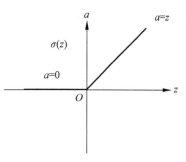

图 4.21 ReLU 激活函数图像

如图 4.21 所示为 ReLU 激活函数图像，ReLU 激活函数变换均匀，可以有效减缓梯度消失问题。而 maxout 函数是可学习的激活函数，它可以是任何分段线性凸函数。maxout 激活函数需要由两个及以上节点组成一组，在输出过程中输出最大值。

对于学习率调整可以采用 RMSProp 方法，权重更新公式如下：

$$
\begin{cases}
\boldsymbol{w}^1 \leftarrow \boldsymbol{w}^0 - \dfrac{\eta}{\sigma^0}\boldsymbol{g}^0 & \sigma^0 = \boldsymbol{g}^0 \\[2mm]
\boldsymbol{w}^2 \leftarrow \boldsymbol{w}^1 - \dfrac{\eta}{\sigma^1}\boldsymbol{g}^1 & \sigma^1 = \sqrt{\alpha(\sigma^0)^2 + (1-\alpha)(\boldsymbol{g}^1)^2} \\[2mm]
\boldsymbol{w}^3 \leftarrow \boldsymbol{w}^2 - \dfrac{\eta}{\sigma^2}\boldsymbol{g}^2 & \sigma^2 = \sqrt{\alpha(\sigma^1)^2 + (1-\alpha)(\boldsymbol{g}^2)^2} \\[2mm]
\cdots \\[2mm]
\boldsymbol{w}^{t+1} \leftarrow \boldsymbol{w}^t - \dfrac{\eta}{\sigma^t}\boldsymbol{g}^t & \sigma^t = \sqrt{\alpha(\sigma^{t-1})^2 + (1-\alpha)(\boldsymbol{g}^t)^2}
\end{cases}
\tag{4-22}
$$

通过调整 α 使下一次权重调整受梯度倒数影响多一些还是受前面的调整多一些，α 的值也可以通过梯度下降的方法学习得到。

4.3　卷积神经网络

卷积神经网络(Convolutional Neural Networks,CNN)起源于对大脑的视觉皮层的研究,从 20 世纪 80 年代起被用于图像识别。在过去几年中,由于计算机计算能力提高,可用训练数据数量的增加以及用于深度网络训练技巧的增加,CNN 已经在一些复杂的视觉任务中实现了超人性化,并广泛用于图像搜索服务、自动驾驶汽车和自动视频分类系统等。此外,不局限于视觉感知,CNN 也成功用于其他任务,如语音识别或自然语言处理(Natural Language Processing,NLP)等。

本节主要涉及内容包括:卷积神经网络的历史和基本概念;卷积神经网络的结构;应用实例;常见的卷积神经网络。

4.3.1　卷积神经网络的历史和基本概念

CNN 是一类包含卷积计算且具有深度结构的前馈神经网络(feedforward neural network),是深度学习(deep learning)的代表算法之一。CNN 具有表征学习(representation learning)能力,能够按其阶层结构对输入信息进行平移不变分类(shift-invariant classification),因此也被称为平移不变人工神经网络(Shift-Invariant Artificial Neural Networks,SIANN)。

CNN 是近年发展起来的,并引起广泛重视的一种高效识别方法。20 世纪 60 年代,Hubel 和 Wiesel 在研究猫脑皮层中用于局部敏感和方向选择的神经元时,发现其独特的网络结构可以有效地降低反馈神经网络的复杂性,继而提出了 CNN。如今,CNN 已经成为众多科学领域的研究热点之一,特别是在模式分类领域。由于该网络避免了对图像的复杂前期预处理,可以直接输入原始图像,因而得到了更为广泛的应用。K. Fukushima 在 1980 年提出的新识别机是卷积神经网络的第一个实现网络。随后,更多的科研工作者对该网络进行了改进。其中,具有代表性的研究成果是 Alexander 和 Taylor 提出的"改进认知机",该方法综合了各种改进方法的优点并避免了耗时的误差反向传播。

CNN 的基本结构包括两层。

(1) 特征提取层,每个神经元的输入与前一层的局部接受域相连,并提取该局部的特征。一旦该局部特征被提取后,它与其他特征间的位置关系也随之确定下来。

(2) 特征映射层,网络的每个计算层由多个特征映射组成,每个特征映射是一个平面,平面上所有神经元的权重相等。一般特征映射结构采用影响函数核小的 Sigmoid 函数作为卷积网络的激活函数,使得特征映射具有位移不变性。此外,由于一个映射面上的神经元共享权重,因而减少了网络自由参数的个数。卷积神经网络中的每一个卷积层都紧跟着一个用来求局部平均与二次提取的计算层,这种特有的两次特征提取结构减小了特征分辨率。

CNN 主要用来识别位移、缩放及其他形式扭曲不变性的二维图形,该部分功能主要由池化层实现。由于 CNN 的特征检测层通过训练数据进行学习,所以在使用 CNN 时,避免了显式的特征抽取,而是隐式地从训练数据中进行学习。再者由于同一特征映射(feature map)面的神经元权重相同,所以网络可以并行学习,这也是卷积网络相对于神经元彼此相连网络的一大优势。卷积神经网络以其局部权重共享的特殊结构在语音识别和图像处理方面有着独特的优越性,其布局更接近于实际的生物神经网络,权重共享降低了网络的复杂性,特别是多维输入向量的图像可以直接输入网络这一特点避免了特征提取和分类过程中数据重建的复杂度。

如今卷积神经网络在多个方向持续发力,在语音识别、人脸识别、通用物体识别、运动分析、自然语言处理甚至脑电波分析方面均有突破。

4.3.2 卷积神经网络的结构

CNN 与常规的神经网络非常相似,由神经元组成,权重可以从数据中学习而来,每个神经元接受一些输入并执行点积计算。最后一个全连接层上有一个损失函数,可以使用非线性函数。常规神经网络接收输入数据作为一个单一向量传递到一系列隐层。每个隐层都包含一组神经元,其中每个神经元都与前一层所有其他神经元相连。在一个单层中,每个神经元都是完全独立的,不共享任何连接。最有一个全连接层即输出层,在图像分类问题中包含分类得分。一般来说,在一个经典的 CNN 网络结构一般包含输入层、卷积层(convolutional layer)、池化层(pooling layer)、全连接层(full connected layer)和输出层。图 4.22 所示是一个常规的 6 层卷积神经网络。

1. 输入层

输入层接收图像数据。如果采用经典的神经网络模型,则需要读取整幅图像作为神经网络模型的输入(即全连接的方式)。图像的尺寸越大,其连接的参数也越多,导致计算量非常大。

而人类对外界的认知一般是从局部到全局,先对局部有感知的认识,再逐步对全局有认知,这

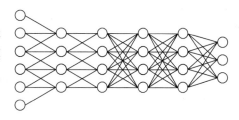

图 4.22 6 层卷积神经网络

是人类的认识模式。在图像中的空间联系也是类似的,局部范围内的像素之间联系较为紧密,而距离较远的像素则相关性较弱。因而,每个神经元没有必要采用图 4.23(a)所示的全局感受野对全局图像进行感知,只需要对局部进行感知即可,然后在更高层将局部信息综合起来就可以得到全局的信息。这种模式就是卷积神经网络中降低参数数量的重要模块:局部感受野(local receptive field),如图 4.23(b)所示。

2. 卷积层

图像作为输入性信息,它的矩阵往往非常大,如果利用全连接神经网络进行训练,计算

量非常大,为此提出了 CNN,其亮点之一就是拥有卷积层。卷积层的主要目的是从输入图像中提取特征。

 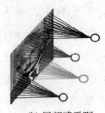

(a) 全局感受野　　(b) 局部感受野

图 4.23　感受野

当给定一张新图时,CNN 并不能准确地知道这些特征到底要匹配原图的哪些部分,所以它会在原图中把每一个可能的位置都进行尝试,相当于把这个特征变成了一个过滤器(filter)。这个用来匹配的过程就称为卷积操作,如图 4.24 所示。

通过每一个特征的卷积操作,会得到一个新的二维数组,称为特征图(feature map)。其中的值越接近 1 表示对应位置和特征的匹配越完整,越是接近 -1 表示对应位置和特征的反面匹配越完整,而值接近 0 表示对应位置没有任何匹配或者说没有什么关联。

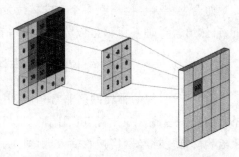

图 4.24　卷积操作

3. 池化层

一旦知道了卷积层如何工作,池化层就很容易理解。它们的目的是通过对输入图像进行二次采样以减小计算负载、内存利用率和参数数量(从而降低过拟合的风险)。减小输入图像的大小同样可以使神经网络容忍一定的图像移位(位置不变性)。

通常情况下,池化区域大小是 2×2,然后按照一定规则转换成相应的值,例如采取池化区域的最大池化(max-pooling)值、平均池化(mean-pooling)值等,以这个值作为结果的像素值,如图 4.25 所示。

4. 全连接层

全连接层在整个卷积神经网络中起到"分类器"的作用,如果说卷积层、池化层和激活函数层等操作是将原始数据映射到隐层特征空间,全连接层则起到将学到的特征表示映射到样本的标记空间的作用,即通过卷积、激活函数、池化等深度网络后,再经过全连接层对结果进行识别分类。

首先将经过卷积、激活函数、池化的深度网络后的结果串起来,如图 4.26 所示。

接下来进行二分类任务,根据刚才提到的模型训练得到的权重,以及经过卷积、激活函数、池化等深度网络计算的结果,进行加权求和,再经过 Softmax 函数转换成概率输出,得到各个结果的预测值,然后取值最大的作为识别的结果(如图 4.27 所示,最后计算出来字母 X 的识别值为 0.92,字母 O 的识别值为 0.51,则判定结果为字母 X)。

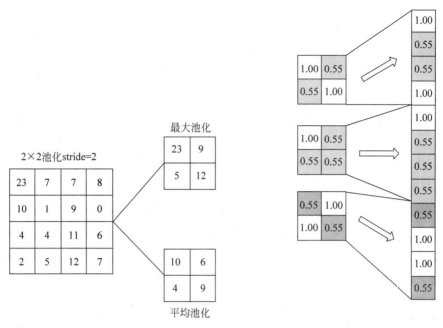

图 4.25 池化操作

图 4.26 全连接操作

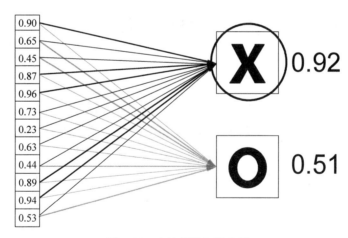

图 4.27 全连接层和输出层

输出层作为预测分类的输出节点,每一个节点就代表一个分类,字母 X 和 O 就代表 2 个分类的模型,每个节点的激励函数为

$$\sigma_i(z) = \frac{e^{z_i}}{\sum\limits_{j=1}^{m} e^{z_j}} \tag{4-22}$$

其中,i 是输出节点的下标次序;m 输出节点的个数;Z_i 为

$$z_i = w_i x + b \tag{4-23}$$

其中,

$$\sum_{i=1}^{j} \sigma_i(z) = 1 \tag{4-24}$$

将全连接层的输出通过 Softmax 函数映射为概率值,最后选取概率最大的节点作为预测目标。计算过程如图 4.28 所示。

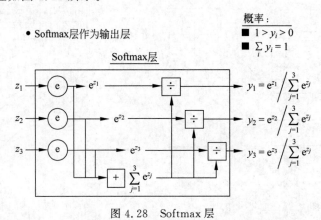

图 4.28 Softmax 层

4.3.3 卷积神经网络的应用与 MATLAB 算例

【例 4-6】 使用 MINIST 数据库中的手写数字集训练 CNN,使其正确识别其中的数字。

解:采用 LeNet 轻量级的 CNN 进行训练。LeNet 包含了深度学习的基本模块:卷积层、池化层和全连接层。从 10 个数字中每一个数字的一组图像开始,每组选择 700 个样本训练 CNN。然后对每组 100 个样本进行测试,查看 CNN 的表现。

具体 MATLAB 程序实现代码如下:

```
% % 程序说明
%    1.池化(pooling)采用平均 2×2
%    2.网络节点数说明:
%            输入层:28×28
%            第一层:24×24(卷积)×6
%            第二层:12×12(pooling)×6
%            第三层:8×8(卷积)×16
%            第四层:4×4(pooling)×16
%            第五层:全连接 40
%            第六层:全连接 10
%    3.网络训练部分采用 700 个样本,检验部分采用 100 个样本
clear all;clc;
% % 网络初始化
layer_c1_num = 6;
```

```
layer_c2_num = 16;
yita = 0.05; % 权重调整步进
bias = 1;
[kernel_c1,kernel_c2] = init_kernel(layer_c1_num,layer_c2_num); % 卷积核初始化
pooling_a = ones(2,2)/4; % 池化层核初始化
weight_full_1 = rand(16,40)/sqrt(40); % 全连接层的权重
weight_full_2 = rand(40,10)/sqrt(10);
weight_c2 = rand(6,16)/10;
weight_arr2num = rand(4,4,layer_c2_num)/sqrt(16);
disp('网络初始化完成......');
% % 开始网络训练
disp('开始网络训练......');
for n = 1:500
    for m = 0:9
        train_data = imread(strcat(num2str(m),'_',num2str(n),'.bmp'));
        train_data = double(train_data); % 读取样本
        train_data = train_data/sqrt(sum(sum(train_data.^2))); % 归一化
        label_temp = - ones(1,10); % 标签设置
        label_temp(1,m + 1) = 1;
        label = label_temp;
        for iter = 1:10
            % 前向传递,进入卷积层 1
            for k = 1:layer_c1_num
                state_c1(:,:,k) = convolution(train_data,kernel_c1(:,:,k));
                % 进入 pooling1
                state_s1(:,:,k) = pooling(state_c1(:,:,k),pooling_a);
            end
            % 进入卷积层 2
[state_c2,state_c2_temp] = convolution_c2(state_s1,kernel_c2,weight_c2);
            % 进入池化层 2
            for k = 1:layer_c2_num
                state_s2_temp1(:,:,k) = pooling(state_c2(:,:,k),pooling_a);
            end
            % 将矩阵变成数
            for k = 1:layer_c2_num
state_s2_temp2(1,k) = sum(sum(state_s2_temp1(:,:,k). * weight_arr2num(:,:,k))) + bias;
                state_s2(1,k) = 1/(1 + exp( - state_s2_temp2(1,k)));
state_s2(1,k) = sum(sum(state_s2_temp1(:,:,k). * weight_arr2num(:,:,k)));
            end
            state_f1 = state_s2 * weight_full_1; % 16 个特征数,进入全连接层 1
            state_f2 = state_f1 * weight_full_2; % 进入全连接层 2
            % % 误差计算部分
            Error = state_f2 - label;
            Error_Cost = sum(Error.^2);
            if(Error_Cost < 1e - 4)
                break;
            end
            % % 参数调整部分
            [kernel_c1,kernel_c2,weight_c2,weight_full_1,weight_full_2,weight_arr2num] =
CNN_upweight1(Error,train_data,...
```

```
                    state_c1,state_s1,...
                    state_c2,state_s2_temp1,...
                    state_s2,state_s2_temp2,...
                    state_f1,state_f2,...
                    kernel_c1,kernel_c2,...
                    weight_c2,weight_full_1,...
                    weight_full_2,weight_arr2num,yita,state_c2_temp);
            end
        end
    end
    disp('网络训练完成,开始检验......');
    %% 检验部分
    count_num = 0;
    for n = 501:600
        for m = 0:9
            % 读取样本
            train_data_test = imread(strcat(num2str(m),'_',num2str(n),'.bmp'));
            train_data_test = double(train_data_test);
            % 前向传递,进入卷积层 1
            for k = 1:layer_c1_num
                state_c1(:,:,k) = convolution(train_data,kernel_c1(:,:,k));
                state_s1(:,:,k) = pooling(state_c1(:,:,k),pooling_a); % 进入 pooling1
            end
            % 进入卷积层 2
[state_c2,state_c2_temp] = convolution_c2(state_s1,kernel_c2,weight_c2);
            % 进入池化层 2
            for k = 1:layer_c2_num
                state_s2_temp1(:,:,k) = pooling(state_c2(:,:,k),pooling_a);
            end
            % 将矩阵变成数
            for k = 1:layer_c2_num
    state_s2_temp2(1,k) = sum(sum(state_s2_temp1(:,:,k).*weight_arr2num(:,:,k))) + bias;
                state_s2(1,k) = 1/(1 + exp( - state_s2_temp2(1,k))); state_s2(1,k) = sum(sum
(state_s2_temp1(:,:,k).*weight_arr2num(:,:,k)));
            end
            state_f1 = state_s2 * weight_full_1; % 16 个特征数,进入全连接层 1
            state_f2 = state_f1 * weight_full_2; % 进入全连接层 2
            [~,train_label] = max(state_f2);
            if(train_label - 1 == m)
                count_num = count_num + 1;
                train_label
            end
        end
    end
    ture_rate = 1.0 * count_num/300;
    fprintf('此神经网络对 MNIST 样本库,识别正确率为   %4d %% \n',ture_rate);
```

4.3.4 卷积神经网络的最新发展

CNN 的经典结构包括 LeNet、AlexNet、ZFNet、VGG、NIN、GoogLeNet、ResNet 及

SENet 等。CNN 已经普遍应用于计算机视觉领域,并且已经取得了不错的效果。通过近几年 CNN 在 ImageNet 竞赛中的表现,可以看出为了追求分类准确度,模型深度越来越深,模型复杂度也越来越高,如深度残差网络(ResNet)的层数已经多达 152 层。

然而,在某些真实的应用场景(如移动或者嵌入式设备)中,如此大而复杂的模型很难应用。首先是模型过于庞大,面临着内存不足的问题;其次这些场景要求低延迟,或者说响应速度要快。所以,研究小而高效的 CNN 模型在这些场景中至关重要。目前的研究总结来看分为两个方向:一是对训练好的复杂模型进行压缩得到小模型;二是直接设计小模型并进行训练。不管如何,其目标在保持模型性能的前提下降低模型大小(parameters size),同时提升模型速度(speed,low latency)。Google 最近提出了一种小巧而高效的 CNN 模型,其在准确率和延迟之间做了折中。CNN 的发展历程如图 4.29 所示。

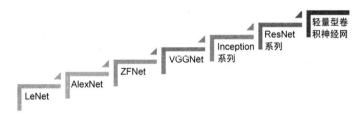

图 4.29 CNN 的发展历程

1. MobileNet

MobileNet 的核心部分是深度可分离卷积,它其实就是将原来的卷积层分解为两部分:深度卷积以及一个 1×1 的卷积即逐点卷积,如图 4.30 所示。

深度卷积(depthwise convolution)和标准卷积不同,标准卷积的卷积核用于所有的输入通道,而深度卷积针对每个输入通道采用不同的卷积核,就是说一个卷积核对应一个输入通道,所以说是深度操作。而逐点卷积(pointwise convolution)就是普通的卷积,不过其采用 1×1 的卷积核。对于深度可分离卷积(depthwise separable convolution),首

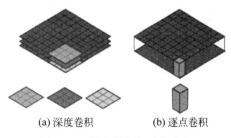

(a)深度卷积　　(b)逐点卷积

图 4.30 深度卷积与逐点卷积

先采用深度卷积对不同输入通道分别进行卷积,然后采用逐点卷积将上面的输出再进行结合,这样的整体效果和一个标准卷积是差不多的,但是会大大减少计算量和模型的参数量。各卷积结构如图 4.31 所示。

MobileNet 与 GoogLeNet 和 VGG16 的对比如表 4.2 所示。相比 VGG16,MobileNet 的准确度下降不足 1%,但是优于 GoogLeNet。然而,在计算量和参数量上,MobileNet 具有绝对的优势。

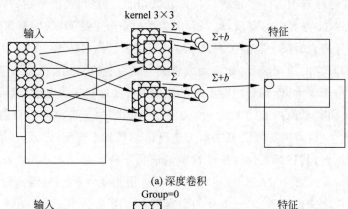

(a) 深度卷积

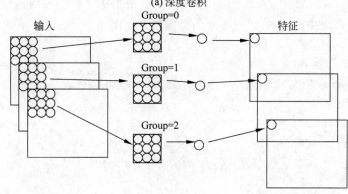

(b) 逐点卷积

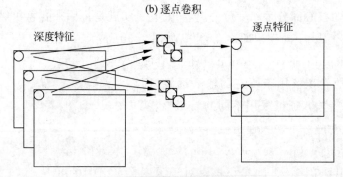

(c) 深度可分离卷积

图 4.31　卷积结构比较

表 4.2　MobileNet 与 GoogLeNet 和 VGG16 性能对比

模　　型	ImageNet 准确率/%	Multi-Adds/百万	参数/百万
MobileNet-224	70.6	569	4.2
GoogLeNet	69.8	1550	6.8
VGG 16	71.5	15300	138

2. CNN 和视觉模型的注意力机制

深度学习中的注意力(attention)机制,源自人脑的注意力机制(见图 4.32)。当人的大脑接收外部信息(如视觉信息,听觉信息时),往往不会对全部信息进行处理和理解,而只会将注意力集中在部分显著或者感兴趣的信息上,这样有利于滤除不重要的信息,提升信息处理效率。

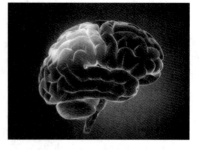

图 4.32　人脑注意力机制

注意力机制本质上与人类对外界事物的观察机制相似。通常来说,人们在观察外界事物的时候,首先会比较倾向于关注观察事物某些重要的局部信息,然后再把不同区域的信息组合起来,从而形成一个对被观察事物的整体印象。注意力机制能够使深度学习在观察目标时更加具有针对性,提升目标识别与分类的精度。

注意力机制可以帮助模型对输入的每个部分赋予不同的权重,抽取出更加关键及重要的信息,使模型做出更加准确的判断,同时不会对模型的计算和存储带来更大的开销。

注意力机制可分为两种:软注意力(soft attention)和强注意力(hard attention)。软注意力与强注意力的不同之处如下。

(1)软注意力更关注区域或者通道,而且软注意力是确定性的注意力,学习完成后直接可以通过网络生成,最关键的是软注意力是可微的。可以微分的注意力就可以通过神经网络算出梯度并且前向传播和后向反馈来学习得到注意力的权重。在计算机视觉中,很多领域的相关工作(例如,分类、检测、分割、生成模型、视频处理等)都在使用软注意力,典型代表有 SENet、SKNet 等。

(2)强注意力更加关注图像的点,也就是图像中的每个点都有可能延伸出注意力,同时强注意力是一个随机的预测过程,更强调动态变化。当然,最关键的是强注意力是一个不可微的注意力,训练过程往往是通过增强学习(reinforcement learning)完成的。

深度学习与视觉注意力机制结合的研究工作,大多数是集中于使用掩码(mask)形成注意力机制。掩码的原理在于通过另一层新的权重,将图像数据中关键的特征标识出来,通过学习训练,让深度神经网络学到每一张新图像中需要关注的区域,也就形成了注意力。

计算机视觉中的注意力机制的基本思想是让模型学会专注,把注意力集中在重要的信息上而忽视不重要的信息。

注意力机制的本质就是利用相关特征图学习权重分布,再用学出来的权重施加在原特征图上进行加权求和,如图 4.33 所示。不过施加权重的方式略有差别,大致总结为如下4点。

(1)软注意力的加权是保留所有分量均做加权;强注意力是在分布中以某种采样策略选取部分分量,一般利用增强学习完成。

(2)加权可以作用在空间尺度上,给不同空间区域加权。

(3) 加权可以作用在通道尺度上,给不同通道特征加权。

(4) 加权可以作用在不同时刻历史特征上,结合循环结构添加权重,例如机器翻译或者视频相关的工作。

图 4.33　机器视觉注意力机制

为了更清楚地介绍计算机视觉中的注意力机制,通常将注意力机制中的模型结构分为空间域(spatial domain)、通道域(channel domain)和混合域(mixed domain)三大注意力域进行分析。

(1) 空间域将图像中的空间域信息做对应的空间变换,从而能将关键的信息提取出来。对空间生成掩码并进行打分,如空间注意力模型(Spatial Attention Module,SAM)。

(2) 通道域类似于给每个通道上的信号都增加一个权重,代表该通道与关键信息的相关度。这个权重越大,则表示相关度越高。对通道生成掩码并进行打分,如 SENet 和通道注意力模型(Channel Attention Module,CAM)。

(3) 混合域为空间域和通道域的融合。

基于模型结构,在卷积神经网络中常用到空间注意力(spatial attention)、通道注意力(channel attention)以及空间与通道的混合注意力(mixed attention)。

对于卷积神经网络,CNN 每层都会输出一个 $C \times H \times W$ 的特征图,C 就是通道,同时也代表卷积核的数量,亦为特征的数量,H 和 W 就是原始图像经过压缩后的高度和宽度。空间注意力就是对所有的通道,在二维平面上对 $H \times W$ 尺寸的特征图学习一个权重,则每个像素都会学习到一个权重。可以想象成一个像素是 C 维的一个向量,深度是 C,在 C 个维度上,权重都是一样的,但是在平面上,权重不一样。空间注意力模型的结构如图 4.34 所示。

对于每个通道,在通道维度上学习到不同的权重,平面维度上权重相同,所以基于通道域的注意力通常是对一个通道内的信息直接全局平均池化,而忽略每一个通道内的局部信息。空间注意力和通道注意力可以理解为关注图像的不同区域和关注图像的不同特征。通道注意力在图像分类中的网络结构方面,典型的就是 SENet。通道注意力模型的结构如图 4.35 所示。

基于 Pytorch 平台实现的通道注意力代码:

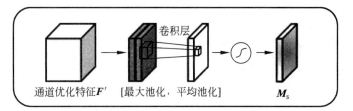

图 4.34 空间注意力模型

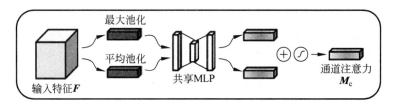

图 4.35 通道注意力模型

```python
class SELaycr(nn.Module):
    def __init__(self, channel, reduction = 1):
        super(SELayer, self).__init__()
        self.avg_pool = nn.AdaptiveAvgPool2d(1)
        self.fc1 = nn.Sequential(
            nn.Linear(channel, channel // reduction),
            nn.ReLU(inplace = True),
            nn.Linear(channel // reduction, channel),
            nn.Sigmoid())
        self.fc2 = nn.Sequential(
            nn.Conv2d(channel , channel // reduction, 1, bias = False),
            nn.ReLU(inplace = True),
            nn.Conv2d(channel , channel // reduction, 1, bias = False),
            nn.Sigmoid()
        )

    def forward(self, x):
        b, c, _, _ = x.size()
        y = self.avg_pool(x).view(b, c)
        y = self.fc1(y).view(b, c, 1, 1)
        return x * y
```

基于 Keras 平台实现的通道注意力代码如下：

```python
class SELayer():
    """
    SE layer contains Squeeze and excitaton operations
    """
    def __init__(self,input_tensor,ratio):
        """
        :param input_tensor: input_tensor. shape = [h, w, c]
        :param ratio:Number of output channels for excitation intermediate operation
```

```
        """
            self.in_tensor = input_tensor
            self.in_channels = keras.backend.in_shape(input_tensor)[-1]
            self.ratio = ratio
        def squeeze(self, input):
            return GlobalAveragePooling2D()(input)

        def excitation_dense(self, input):
            out = Dense(units = self.in_channels//self.ratio)(input)
            out = Activation("relu")(out)
            out = Dense(units = self.in_channels)(out)
            out = Activation("sigmoid")(out)
            out = Reshape((1, 1, self.in_channels))(out)
            return out
        def excitation_conv(self, input):
            out = Conv2D(filters = self.in_channels//self.ratio, kernel_size = (1,1))(input)
            out = Activation("relu")(out)
            out = Conv2D(filters = self.in_channels, kernel_size = (1,1))(out)
            out = Activation('sigmoid')(out)
            out = Reshape((1, 1, self.in_channels))(out)
            return out

        def forward(self):
            """
            Use conv by default
            :param self:
            :return:
            """
            out = self.squeeze(self.in_tensor)
            out = self.excitation_conv(out)
            scale = multiply([self.in_tensor, out])
            return scale
# 或者
def se_layer(inputs_tensor = None, ratio = None, num = None, **kwargs):
    """
    SE - NET
    :param inputs_tensor: input_tensor.shape = [batchsize, h, w, channels]
    :param ratio:
    :param num:
    :return:
    """
    channels = K.int_shape(inputs_tensor)[-1]
    x = KL.GlobalAveragePooling2D()(inputs_tensor)
    x = KL.Reshape((1, 1, channels))(x)
    x = KL.Conv2D(channels//ratio, (1, 1), strides = 1, name = "se_conv1_" + str(num), padding
= "valid")(x)
    x = KL.Activation('relu', name = 'se_conv1_relu_' + str(num))(x)
    x = KL.Conv2D(channels, (1, 1), strides = 1, name = "se_conv2_" + str(num), padding =
"valid")(x)
    x = KL.Activation('sigmoid', name = 'se_conv2_relu_' + str(num))(x)
```

```
output = KL.multiply([inputs_tensor, x])
return output
```

混合注意力的代表是 BAM 和 CBAM(Convolutional Block Attention Module),其中 CBAM 的结构如图 4.36 所示。

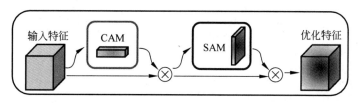

图 4.36 CBAM 结构

输入。首先通过通道注意力,一张图像经过几个卷积层会得到一个特征矩阵,这个矩阵的通道数就是卷积层核的个数,一个常见的卷积核通常达到 1024 或 2048 个。并不是每个通道对于信息传递都是有用的,因此,通过对这些通道进行过滤(也就是注意)得到优化后的特征。主要思路就是:增大有效通道权重,减少无效通道的权重。

在通道维度上进行全局池化操作,再经过同一个 MLP 得到权重,相加作为最终的注意力向量(权重)。CBAM 与 SENet 非常像,SENet 在很多论文中都被证实对效果有提升,这里的区别是,SENet 采用的是平均池化,而 CBAM 又加入了最大值池化。

3. GSoP-Net

GSoP-Net 的总体结构如图 4.37 所示。

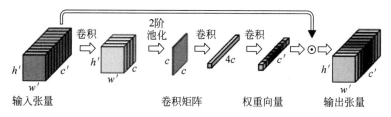

图 4.37 GSoP-Net 总体结构

输入张量先经过卷积进行降维后,GSoP 块进行协方差矩阵计算,然后通过线性卷积和非线性激活的两个连续运算,得到输出张量,输出张量沿通道维数对原始输入进行缩放,一定程度上也是一种通道注意力的体现。但与 SENet 不同的是,GSoP 提出了二维平均池化,通过协方差的形式体现了通道与通道之间的关系。

GSoP-Net 基于 Pytorch 的代码实现如下:

```
class Covpool(Function):
    @staticmethod
    def forward(ctx, input):
        x = input
        batchSize = x.data.shape[0]
        dim = x.data.shape[1]
```

```
            h = x.data.shape[2]
            w = x.data.shape[3]
            M = h * w
            x = x.reshape(batchSize, dim, M)
            I_hat = (-1./M/M) * torch.ones(M, M, device = x.device) + (1./M) * torch.eye(M, M,
        device = x.device)
            I_hat = I_hat.view(1, M, M).repeat(batchSize, 1, 1).type(x.dtype)
            y = x.bmm(I_hat).bmm(x.transpose(1, 2))
            ctx.save_for_backward(input, I_hat)
            return y
        @staticmethod
        def backward(ctx, grad_output):
            input, I_hat = ctx.saved_tensors
            x = input
            batchSize = x.data.shape[0]
            dim = x.data.shape[1]
            h = x.data.shape[2]
            w = x.data.shape[3]
            M = h * w
            x = x.reshape(batchSize, dim, M)
            grad_input = grad_output + grad_output.transpose(1, 2)
            grad_input = grad_input.bmm(x).bmm(I_hat)
            grad_input = grad_input.reshape(batchSize, dim, h, w)
            return grad_input


class Sqrtm(Function):
    @staticmethod
    def forward(ctx, input, iterN):
        x = input
        batchSize = x.data.shape[0]
        dim = x.data.shape[1]
        dtype = x.dtype
        I3 = 3.0 * torch.eye(dim, dim, device = x.device).view(1, dim, dim).repeat
    (batchSize, 1, 1).type(dtype)
        normA = (1.0/3.0) * x.mul(I3).sum(dim = 1).sum(dim = 1)
        A = x.div(normA.view(batchSize, 1, 1).expand_as(x))
        Y = torch.zeros(batchSize, iterN, dim, dim, requires_grad = False, device = x.
    device)
        Z = torch.eye(dim, dim, device = x.device).view(1, dim, dim).repeat(batchSize, iterN,
    1, 1)
        if iterN < 2:
            ZY = 0.5 * (I3 - A)
            Y[:, 0, :, :] = A.bmm(ZY)
        else:
            ZY = 0.5 * (I3 - A)
            Y[:, 0, :, :] = A.bmm(ZY)
            Z[:, 0, :, :] = ZY
            for i in range(1, iterN - 1):
                ZY = 0.5 * (I3 - Z[:, i-1, :, :].bmm(Y[:, i-1, :, :]))
                Y[:, i, :, :] = Y[:, i-1, :, :].bmm(ZY)
```

```
                    Z[:, i, :, :] = ZY.bmm(Z[:, i - 1, :, :])
                ZY = 0.5 * Y[:, iterN - 2, :, :].bmm(I3 -
    Z[:, iterN - 2, :, :].bmm(Y[:, iterN - 2, :, :]))
            y = ZY * torch.sqrt(normA).view(batchSize, 1, 1).expand_as(x)
            ctx.save_for_backward(input, A, ZY, normA, Y, Z)
            ctx.iterN = iterN
            return y
        @staticmethod
        def backward(ctx, grad_output):
            input, A, ZY, normA, Y, Z = ctx.saved_tensors
            iterN = ctx.iterN
            x = input
            batchSize = x.data.shape[0]
            dim = x.data.shape[1]
            dtype = x.dtype
            der_postCom = grad_output * torch.sqrt(normA).view(batchSize, 1,
    1).expand_as(x)
            der_postComAux =
    (grad_output * ZY).sum(dim - 1).sum(dim = 1).div(2 * torch.sqrt(normA))
            I3 = 3.0 * torch.eye(dim, dim, device = x.device).view(1, dim, dim).repeat
    (batchSize, 1, 1).type(dtype)
            if iterN < 2:
                der_NSiter = 0.5 * (der_postCom.bmm(I3 - A) - A.bmm(der_sacleTrace))
            else:
                dldY = 0.5 * (der_postCom.bmm(I3 -
    Y[:, iterN - 2, :, :].bmm(Z[:, iterN - 2, :, :])) -
    Z[:, iterN - 2, :, :].bmm(Y[:, iterN - 2, :, :]).bmm(der_postCom))
                dldZ =
    - 0.5 * Y[:, iterN - 2, :, :].bmm(der_postCom).bmm(Y[:, iterN - 2, :, :])
                for i in range(iterN - 3, - 1, - 1):
                    YZ = I3 - Y[:, i, :, :].bmm(Z[:, i, :, :])
                    ZY = Z[:, i, :, :].bmm(Y[:, i, :, :])
                    dldY_ = 0.5 * (dldY.bmm(YZ) -
                            Z[:, i, :, :].bmm(dldZ).bmm(Z[:, i, :, :]) -
                                ZY.bmm(dldY))
                    dldZ_ = 0.5 * (YZ.bmm(dldZ) -
                            Y[:, i, :, :].bmm(dldY).bmm(Y[:, i, :, :]) -
                                dldZ.bmm(ZY))
                    dldY = dldY_
                    dldZ = dldZ_
                der_NSiter = 0.5 * (dldY.bmm(I3 - A) - dldZ - A.bmm(dldY))
            grad_input = der_NSiter.div(normA.view(batchSize, 1, 1).expand_as(x))
            grad_aux = der_NSiter.mul(x).sum(dim = 1).sum(dim = 1)
            for i in range(batchSize):
                grad_input[i, :, :] += (der_postComAux[i] \
                                    - grad_aux[i] / (normA[i] * normA[i])) \
                                    * torch.ones(dim, device = x.device).diag()
            return grad_input, None


class Triuvec(Function):
```

```
            @staticmethod
        def forward(ctx, input):
            x = input
            batchSize = x.data.shape[0]
            dim = x.data.shape[1]
            dtype = x.dtype
            x = x.reshape(batchSize, dim * dim)
            I = torch.ones(dim,dim).triu().t().reshape(dim * dim)
            index = I.nonzero()
            y = torch.zeros(batchSize,int(dim * (dim + 1)/2),device = x.device)
            for i in range(batchSize):
                y[i, :] = x[i, index].t()
            ctx.save_for_backward(input,index)
            return y
        @staticmethod
        def backward(ctx, grad_output):
            input,index = ctx.saved_tensors
            x = input
            batchSize = x.data.shape[0]
            dim = x.data.shape[1]
            dtype = x.dtype
             grad_input = torch.zeros(batchSize,dim,dim,device = x.device,requires_grad =
False)
            grad_input = grad_input.reshape(batchSize,dim * dim)
            for i in range(batchSize):
                grad_input[i,index] = grad_output[i,:].reshape(index.size(),1)
            grad_input = grad_input.reshape(batchSize,dim,dim)
            return grad_input
    def CovpoolLayer(var):
        return Covpool.apply(var)


    def SqrtmLayer(var, iterN):
        return Sqrtm.apply(var, iterN)


    def TriuvecLayer(var):
        return Triuvec.apply(var)


    # use
    if GSoP_mode == 1:
        self.avgpool = nn.AvgPool2d(14, stride = 1)
        self.fc = nn.Linear(512 * block.expansion, num_classes)
        print("GSoP - Net1 generating...")
    else:
        self.isqrt_dim = 256
        self.layer_reduce = nn.Conv2d(512 * block.expansion, self.isqrt_dim,
kernel_size = 1, stride = 1, padding = 0, bias = False)
        self.layer_reduce_bn = nn.BatchNorm2d(self.isqrt_dim)
        self.layer_reduce_relu = nn.ReLU(inplace = True)
        self.fc = nn.Linear(int(self.isqrt_dim * (self.isqrt_dim + 1) / 2),
num_classes)
```

```
        print("GSoP - Net2 generating...")

if self.GSoP_mode == 1:
    x = self.avgpool(x)
else :
    x = self.layer_reduce(x)
    x = self.layer_reduce_bn(x)
    x = self.layer_reduce_relu(x)

    x = MPNCOV.CovpoolLayer(x)
    x = MPNCOV.SqrtmLayer(x, 3)
    x = MPNCOV.TriuvecLayer(x)
```

4. AA-Net

AA-Net 总体结构如图 4.38 所示。AA-Net 使用可以共同参与空间和特征子空间的注意力机制（每个头对应于特征子空间），引入额外的特征映射而不是精炼它们。核心思想是使用自注意力机制，首先通过矩阵运算获得注意力权重图，通过多头操作赋值给多个空间，在多个空间内进行注意力点乘，实现自注意力机制。

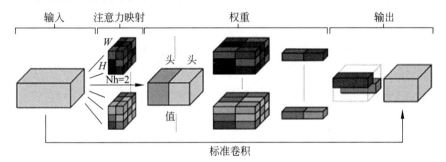

图 4.38　AA-Net 总体结构

AA-Net 基于 Pytorch 平台的代码实现如下：

```
class AugmentedConv(nn.Module):
    def __init__(self, in_channels, out_channels, kernel_size, dk, dv, Nh, relative):
        super(AugmentedConv, self).__init__()
        self.in_channels = in_channels
        self.out_channels = out_channels
        self.kernel_size = kernel_size
        self.dk = dk
        self.dv = dv
        self.Nh = Nh
        self.relative = relative
        self.conv_out = nn.Conv2d(self.in_channels, self.out_channels -
self.dv, self.kernel_size, padding = 1)
        self.qkv_conv = nn.Conv2d(self.in_channels, 2 * self.dk + self.dv,
kernel_size = 1)
        self.attn_out = nn.Conv2d(self.dv, self.dv, 1)
```

```
def forward(self, x):
    # Input x
    # (batch_size, channels, height, width)
    batch, _, height, width = x.size(
    # conv_out
    # (batch_size, out_channels, height, width)
    conv_out = self.conv_out(x)
    # flat_q, flat_k, flat_v
    # (batch_size, Nh, height * width, dvh or dkh)
    # dvh = dv / Nh, dkh = dk / Nh
    # q, k, v
    # (batch_size, Nh, height, width, dv or dk)
    flat_q, flat_k, flat_v, q, k, v = self.compute_flat_qkv(x, self.dk,
self.dv, self.Nh)
    logits = torch.matmul(flat_q.transpose(2, 3), flat_k)
    if self.relative:
        h_rel_logits, w_rel_logits = self.relative_logits(q)
        logits += h_rel_logits
        logits += w_rel_logits
    weights = F.softmax(logits, dim = -1)
    # attn_out
    # (batch, Nh, height * width, dvh)
    attn_out = torch.matmul(weights, flat_v.transpose(2, 3))
    attn_out = torch.reshape(attn_out, (batch, self.Nh, self.dv / self.Nh,
height, width))
    # combine_heads_2d
    # (batch, out_channels, height, width)
    attn_out = self.combine_heads_2d(attn_out)
    attn_out = self.attn_out(attn_out)
    return torch.cat((conv_out, attn_out), dim = 1)
```

4.4　循环神经网络

棒球比赛中,击球手击中球,接球手立刻开始奔跑,并预测球的轨迹。接球手跟踪球并且调整运动方向,最后在掌声中抓住了球。不论是接球手预测球的轨迹还是赛前预测比赛的输赢,甚至是预测早餐中咖啡的味道,预测总是我们在做的事情。循环神经网络(Recurrent Neural Network,RNN)是一种可以预测未来的神经网络。它们可以分析时间序列数据(如股票价格),然后告诉你什么时候该买卖股票。在自动驾驶系统中,RNN 可以预测汽车的轨迹帮助避免事故。一般来说,RNN 可以工作在任意长度的序列中。例如,RNN 可以使用句子、文档或者语音样本等作为输入,完成自动翻译、语言转换成文本或者情感分析(例如阅读电影评论、提取评委对电影的感受)等。

此外,RNN 的预测能力也使它们能够产生惊人的创造力,例如可以要求 RNN 预测最有可能出现在旋律中的下一个音符是什么,然后随机地选择其中一个音符并播放它。之后重复这一动作,继续要求网络预测下一个音符并播放。

本节主要涉及内容:RNN 的历史和基本概念;RNN 结构;RNN 应用实例;RNN 的最新发展。

4.4.1　循环神经网络的历史和基本概念

循环神经网络是一类以序列(sequence)数据为输入,在序列的演进方向进行递归(recursion)且所有节点(循环单元)按链式连接的递归神经网络(recursive neural network)。

对循环神经网络的研究始于 20 世纪 80—90 年代,并在 21 世纪初发展为深度学习(deep learning)的算法之一,其中双向循环神经网络(Bidirectional RNN,Bi-RNN)和长短期记忆网络(Long Short-Term Memory network,LSTM)是常见的循环神经网络。

RNN 具有记忆性、参数共享及图灵完备(Turing completeness)等特性,因此在对序列的非线性特征进行学习时具有一定优势。RNN 在自然语言处理,例如语音识别、语言建模和机器翻译等领域有应用,也被用于各类时间序列预报。引入了 CNN 构筑的 RNN 可以处理包含序列输入的计算机视觉问题。

4.4.2　循环神经网络的结构

前馈神经网络的激活流是在一个方向上,从输入层到输出层。除了具有反向连接外,RNN 与前馈神经网络非常相似。先看一个简单的 RNN,如图 4.39(a)所示,仅有一个神经元组成,它自己接收输入,产生输出,然后将输出返回其本身。在每一个时间迭代 t,这个循环神经元 h 接收输入 x_t 和上一个时间迭代自己的输出 o_{t-1}。如图 4.39(b)所示,可以使用时间轴代表各微小的网络,这种方式被称为按照时间展开网络。

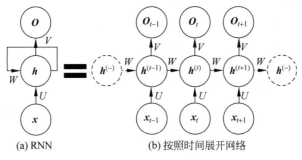

(a) RNN　　　　(b) 按照时间展开网络

图 4.39　简单 RNN

每个循环神经元有两个权重:一个是输入 x_t,另一个是前一个时间迭代的输出 o_{t-1}。把这两个权重向量称为 w_x 和 w_o。单个循环神经网络可以表示为

$$o_t = \phi(x_t^{\mathrm{T}} \cdot w_x + o_{t-1}^{\mathrm{T}} \cdot w_o + b) \tag{4-25}$$

4.4.3　循环神经网络的应用与 MATLAB 算例

【例 4-7】　假设一家人 7 天使用空调功耗数据，每天记录了 4 个时间点，用前 3 个时间点的空调功耗预测第 4 个时间点的空调功耗，以此类推，用第 7 天的功耗作为检验模型。

解：采用简单的 LSTM 网络训练数据，预测第 7 天空调功率数值。MATLAB 程序实现代码如下：

```
% % % LSTM 网络结合实例仿真
% % 程序说明
%    1.数据为 7 天,4 个时间点的空调功耗,用前 3 个推测第 4 个训练,依次类推.第 7 天作为检验
%    2.LSTM 网络输入节点为 12,输出节点为 4 个,隐藏节点 18 个

clear all;
clc;
% % 数据加载,并归一化处理
[train_data,test_data] = LSTM_data_process();
data_length = size(train_data,1);
data_num = size(train_data,2);
% % 网络参数初始化
% 节点数设置
input_num = 12;
cell_num = 18;
output_num = 4;
% 网络中门的偏置
bias_input_gate = rand(1,cell_num);
bias_forget_gate = rand(1,cell_num);
bias_output_gate = rand(1,cell_num);
% ab = 1.2;
% bias_input_gate = ones(1,cell_num)/ab;
% bias_forget_gate = ones(1,cell_num)/ab;
% bias_output_gate = ones(1,cell_num)/ab;
%网络权重初始化
ab = 20;
weight_input_x = rand(input_num,cell_num)/ab;
weight_input_h = rand(output_num,cell_num)/ab;
weight_inputgate_x = rand(input_num,cell_num)/ab;
weight_inputgate_c = rand(cell_num,cell_num)/ab;
weight_forgetgate_x = rand(input_num,cell_num)/ab;
weight_forgetgate_c = rand(cell_num,cell_num)/ab;
weight_outputgate_x = rand(input_num,cell_num)/ab;
weight_outputgate_c = rand(cell_num,cell_num)/ab;

% hidden_output 权重
weight_preh_h = rand(cell_num,output_num);

% 网络状态初始化
cost_gate = 1e - 10;
h_state = rand(output_num,data_num);
```

```
cell_state = rand(cell_num, data_num);
% % 网络训练学习
for iter = 1:4000
    yita = 0.15;                           % 每次迭代权重调整比例
    for m = 1:data_num
        % 前馈部分
        if(m == 1)
            gate = tanh(train_data(:,m)' * weight_input_x);
input_gate_input = train_data(:,m)' * weight_inputgate_x + bias_input_gate;
output_gate_input = train_data(:,m)' * weight_outputgate_x + bias_output_gate;
            for n = 1:cell_num
                input_gate(1,n) = 1/(1 + exp( - input_gate_input(1,n)));
                output_gate(1,n) = 1/(1 + exp( - output_gate_input(1,n)));
            end
            forget_gate = zeros(1,cell_num);
            forget_gate_input = zeros(1,cell_num);
            cell_state(:,m) = (input_gate. * gate)';
        else

gate = tanh(train_data(:,m)' * weight_input_x + h_state(:,m - 1)' * weight_input_h);

input_gate_input = train_data(:,m)' * weight_inputgate_x + cell_state(:,m - 1)' * weight_
inputgate_c + bias_input_gate;

forget_gate_input = train_data(:,m)' * weight_forgetgate_x + cell_state(:,m - 1)' * weight_
forgetgate_c + bias_forget_gate;

output_gate_input = train_data(:,m)' * weight_outputgate_x + cell_state(:,m - 1)' * weight_
outputgate_c + bias_output_gate;
            for n = 1:cell_num
                input_gate(1,n) = 1/(1 + exp( - input_gate_input(1,n)));
                forget_gate(1,n) = 1/(1 + exp( - forget_gate_input(1,n)));
                output_gate(1,n) = 1/(1 + exp( - output_gate_input(1,n)));
            end

cell_state(:,m) = (input_gate. * gate + cell_state(:,m - 1)'. * forget_gate)';
        end
        pre_h_state = tanh(cell_state(:,m)'). * output_gate;
        h_state(:,m) = (pre_h_state * weight_preh_h)';
        % 误差计算
        Error = h_state(:,m) - test_data(:,m);
        Error_Cost(1,iter) = sum(Error.^2);
        if(Error_Cost(1,iter)< cost_gate)
            flag = 1;
            break;
        else
            [       weight_input_x,...
                    weight_input_h,...
                    weight_inputgate_x,...
                    weight_inputgate_c,...
```

```
                        weight_forgetgate_x,...
                        weight_forgetgate_c,...
                        weight_outputgate_x,...
                        weight_outputgate_c,...
                        weight_preh_h ] = LSTM_updata_weight(m,yita,Error,...
                                                weight_input_x,...
                                                weight_input_h,...
                                                weight_inputgate_x,...
                                                weight_inputgate_c,...
                                                weight_forgetgate_x,...
                                                weight_forgetgate_c,...
                                                weight_outputgate_x,...
                                                weight_outputgate_c,...
                                                weight_preh_h,...
                                                cell_state,h_state,...
                                                input_gate,forget_gate,...
                                                output_gate,gate,...
                                                train_data,pre_h_state,...
                                                input_gate_input,...
                                                output_gate_input,...
                                                forget_gate_input);


                end
            end
        if(Error_Cost(1,iter)< cost_gate)
                break;
        end
    end
    %% 绘制 Error-Cost 曲线图
    % for n = 1:1:iter
    %     text(n,Error_Cost(1,n),'*');
    %     axis([0,iter,0,1]);
    %     title('Error-Cost 曲线图');
    % end
    for n = 1:1:iter
        semilogy(n,Error_Cost(1,n),'*');
        hold on;
        title('Error-Cost 曲线图');
    end
    %% 使用第7天数据检验
    % 数据加载
    test_final = [0.4557 0.4790 0.7019 0.8211 0.4601 0.4811 0.7101 0.8298 0.4612
0.4845 0.7188 0.8312]';
    test_final = test_final/sqrt(sum(test_final.^2));
    test_output = test_data(:,4);
    % 前馈
    m = 4;
    gate = tanh(test_final' * weight_input_x + h_state(:,m-1)' * weight_input_h);
    input_gate_input = test_final' * weight_inputgate_x + cell_state(:,m-1)' * weight_
inputgate_c + bias_input_gate;
```

```
    forget_gate_input = test_final' * weight_forgetgate_x + cell_state(:, m − 1)' * weight_
forgetgate_c + bias_forget_gate;
    output_gate_input = test_final' * weight_outputgate_x + cell_state(:, m − 1)' * weight_
outputgate_c + bias_output_gate;
    for n = 1:cell_num
        input_gate(1,n) = 1/(1 + exp( − input_gate_input(1,n)));
        forget_gate(1,n) = 1/(1 + exp( − forget_gate_input(1,n)));
        output_gate(1,n) = 1/(1 + exp( − output_gate_input(1,n)));
    end
    cell_state_test = (input_gate. * gate + cell_state(:, m − 1)'. * forget_gate)';
    pre_h_state = tanh(cell_state_test'). * output_gate;
    h_state_test = (pre_h_state * weight_preh_h)'
    test_output
```

表 4.3 给出了例 4-5 的训练效果。

表 4.3　训练结果

时　间　点	真　实　值	预　测　值
1	0.3669	0.3577
2	0.3902	0.3791
3	0.5639	0.5581
4	0.6546	0.6456

4.3.4　循环神经网络的最新发展

RNN 已经在实践中证明对自然语言处理是非常成功的,如进行词向量表达、语句合法性检查及词性标注等。在 RNN 中,目前使用最广泛最成功的模型是 LSTM。

1. LSTM

RNN 的关键点之一就是可以将先前的信息连接到当前的任务上,例如使用过去的视频段推测当前段的理解。如果 RNN 可以做到这个,它们就变得非常有用。

有时候,仅仅需要知道先前的信息来执行当前的任务。例如,用一个语言模型基于先前的词预测下一个词。如果试着预测 "the clouds are in the sky" 最后的词,并不需要任何其他的上下文——下一个词很显然就应该是 sky。在这样的场景中,相关的信息和预测的词位置之间的间隔是非常小的,RNN 可以学会使用先前的信息。

但是同样会有一些更加复杂的场景。假设试着去预测 "I grew up in France...I speak fluent French" 最后的词。当前的信息建议下一个词可能是一种语言的名字,但是如果需要弄清楚是什么语言,需要先前提到的离当前位置很远的 France 的上下文。这说明相关信息和当前预测位置之间的间隔肯定变得相当大。

LSTM 可以处理这样的长期依赖问题。LSTM 是一种特殊的 RNN 类型,可以学习长期依赖信息。LSTM 由 Hochreiter 和 Schmidhuber 提出,并在近期被 Alex Graves 进行了改良和推广。在很多问题的处理上,LSTM 都取得相当巨大的成功,并得到了广泛的使用。

LSTM 通过刻意的设计避免长期依赖问题。记住长期的信息在实践中是 LSTM 的默认行为,而非需要付出很大代价才能获得的能力。

所有 RNN 都具有一种重复神经网络模块的链式形式。在标准的 RNN 中,这个重复的模块只有一个非常简单的结构,例如一个 tanh 层,如图 4.40 所示。

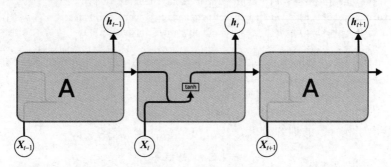

图 4.40　标准 RNN 中的重复模块包含单一的层

LSTM 同样采用这样的结构,但是重复的模块拥有不同的结构。不同于单一神经网络层,LSTM 有 4 个层,以一种非常特殊的方式进行交互,如图 4.41 所示。

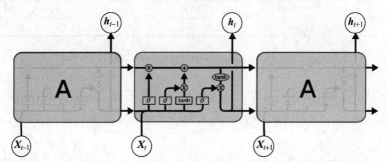

图 4.41　LSTM 中的重复模块包含 4 个交互的层

基于 LSTM 系统可以完成翻译语言、控制机器人、图像分析、文档摘要、语音识别图像识别、手写识别、控制聊天机器人、预测疾病、点击率和股票、合成音乐等任务。例如,在 2015 年,Google 通过基于 CTC 训练的 LSTM 程序大幅提升了安卓手机和其他设备中语音识别的能力。苹果的 iPhone 在 QuickType 和 Siri 中使用了 LSTM;微软不仅将 LSTM 用于语音识别,还将这一技术用于虚拟对话形象生成和编写程序代码等。Amazon Alexa 通过双向 LSTM 在家中与你交流,而 Google 使用 LSTM 的范围更加广泛,它可以生成图像字幕,自动回复电子邮件等。在新的智能助手 Allo 中,使用 LSTM 也显著地提高了 Google 翻译的质量。

LSTM 的 MATLAB 代码实现如下:

```
% implementation of LSTM
clc
% clear
```

```
close all

% % training dataset generation
binary_dim      = 8;

largest_number = 2^binary_dim - 1;
binary          = cell(largest_number, 1);

for i = 1:largest_number + 1
    binary{i}     = dec2bin(i - 1, binary_dim);
    int2binary{i} = binary{i};
end

% % input variables
alpha       = 0.1;
input_dim = 2;
hidden_dim = 32;
output_dim = 1;
allErr - [];
% % initialize neural network weights
% in_gate      = sigmoid(X(t) * X_i + H(t-1) * H_i)      ------- (1)
X_i = 2 * rand(input_dim, hidden_dim) - 1;
H_i = 2 * rand(hidden_dim, hidden_dim) - 1;
X_i_update = zeros(size(X_i));
H_i_update = zeros(size(H_i));
bi = 2 * rand(1,1) - 1;
bi_update = 0;

% forget_gate = sigmoid(X(t) * X_f + H(t-1) * H_f)      ------- (2)
X_f = 2 * rand(input_dim, hidden_dim) - 1;
H_f = 2 * rand(hidden_dim, hidden_dim) - 1;
X_f_update = zeros(size(X_f));
H_f_update = zeros(size(H_f));
bf = 2 * rand(1,1) - 1;
bf_update = 0;
% out_gate      = sigmoid(X(t) * X_o + H(t-1) * H_o)      ------- (3)
X_o = 2 * rand(input_dim, hidden_dim) - 1;
H_o = 2 * rand(hidden_dim, hidden_dim) - 1;
X_o_update = zeros(size(X_o));
H_o_update = zeros(size(H_o));
bo = 2 * rand(1,1) - 1;
bo_update = 0;
% g_gate        = tanh(X(t) * X_g + H(t-1) * H_g)        ------- (4)
X_g = 2 * rand(input_dim, hidden_dim) - 1;
H_g = 2 * rand(hidden_dim, hidden_dim) - 1;
X_g_update = zeros(size(X_g));
H_g_update = zeros(size(H_g));
bg = 2 * rand(1,1) - 1;
bg_update = 0;
```

```
out_para = 2 * rand(hidden_dim, output_dim) - 1;
out_para_update = zeros(size(out_para));
% C(t) = C(t-1) .* forget_gate + g_gate .* in_gate       ------- (5)
% S(t) = tanh(C(t)) .* out_gate                            ------- (6)
% Out = sigmoid(S(t) * out_para)                           ------- (7)
% Note: Equations (1) - (6) are cores of LSTM in forward, and equation (7) is
% used to transfer hidden layer to predicted output, i.e., the output layer.
% (Sometimes you can use softmax for equation (7))


% % train
iter = 99999; % training iterations
for j = 1:iter
    % generate a simple addition problem (a + b = c)
    a_int = randi(round(largest_number/2));              % int version
    a     = int2binary{a_int + 1};                       % binary encoding

    b_int = randi(floor(largest_number/2));              % int version
    b     = int2binary{b_int + 1};                       % binary encoding

    % true answer
    c_int = a_int + b_int;                               % int version
    c     = int2binary{c_int + 1};                       % binary encoding

    % where we'll store our best guess (binary encoded)
    d     = zeros(size(c));
    if length(d)< 8
        pause;
    end

    % total error
    overallError = 0;

    % difference in output layer, i.e., (target - out)
    output_deltas = [];

    % values of hidden layer, i.e., S(t)
    hidden_layer_values = [];
    cell_gate_values    = [];
    % initialize S(0) as a zero - vector
    hidden_layer_values = [hidden_layer_values; zeros(1, hidden_dim)];
    cell_gate_values    = [cell_gate_values; zeros(1, hidden_dim)];

    % initialize memory gate
    % hidden layer
    H = [];
    H = [H; zeros(1, hidden_dim)];
    % cell gate
    C = [];
```

```
C = [C; zeros(1, hidden_dim)];
 % in gate
I = [];
 % forget gate
F = [];
 % out gate
O = [];
 % g gate
G = [];


 % start to process a sequence, i.e., a forward pass
 % Note: the output of a LSTM cell is the hidden_layer, and you need to
 % transfer it to predicted output
for position = 0:binary_dim - 1
     % X ------> input, size: 1 x input_dim
     X = [a(binary_dim - position) - '0' b(binary_dim - position) - '0'];

     % y ------> label, size: 1 x output_dim
     y = [c(binary_dim - position) - '0']';

     % use equations (1) - (7) in a forward pass. here we do not use bias
     in_gate     = sigmoid(X * X_i + H(end, :) * H_i + bi);     % equation (1)
     forget_gate = sigmoid(X * X_f + H(end, :) * H_f + bf);     % equation (2)
     out_gate    = sigmoid(X * X_o + H(end, :) * H_o + bo);     % equation (3)
     g_gate      = tan_h(X * X_g + H(end, :) * H_g + bg);       % equation (4)
     C_t         = C(end, :) .* forget_gate + g_gate .* in_gate;% equation (5)
     H_t         = tan_h(C_t) .* out_gate;                      % equation (6)

     % store these memory gates
     I = [I; in_gate];
     F = [F; forget_gate];
     O = [O; out_gate];
     G = [G; g_gate];
     C = [C; C_t];
     H = [H; H_t];

     % compute predict output
     pred_out = sigmoid(H_t * out_para);

     % compute error in output layer
     output_error = y - pred_out;

     % compute difference in output layer using derivative
     % output_diff = output_error * sigmoid_output_to_derivative(pred_out);
     output_deltas = [output_deltas; output_error]; % * sigmoid_output_to_derivative
(pred_out)];
%        output_deltas = [output_deltas; output_error * (pred_out)];
     % compute total error
     % note that if the size of pred_out or target is 1 x n or m x n,
     % you should use other approach to compute error. here the dimension
```

```
        % of pred_out is 1 x 1
        overallError = overallError + abs(output_error(1));

        % decode estimate so we can print it out
        d(binary_dim - position) = round(pred_out);
    end

    % from the last LSTM cell, you need a initial hidden layer difference
    future_H_diff = zeros(1, hidden_dim);

    % stare back - propagation, i.e., a backward pass
    % the goal is to compute differences and use them to update weights
    % start from the last LSTM cell
    for position = 0:binary_dim - 1
        X = [a(position + 1) - '0' b(position + 1) - '0'];

        % hidden layer
        H_t = H(end - position, :);                              % H(t)
        % previous hidden layer
        H_t_1 = H(end - position - 1, :);                        % H(t - 1)
        C_t = C(end - position, :);                              % C(t)
        C_t_1 = C(end - position - 1, :);                        % C(t - 1)
        O_t = O(end - position, :);
        F_t = F(end - position, :);
        G_t = G(end - position, :);
        I_t = I(end - position, :);

        % output layer difference
        output_diff = output_deltas(end - position, :);

        % hidden layer difference
        % note that here we consider one hidden layer is input to both
        % output layer and next LSTM cell. Thus its difference also comes
        % from two sources. In some other method, only one source is taken
        % into consideration.
        % use the equation: delta(l) = (delta(l + 1) * W(l + 1)) .* f'(z) to
        % compute difference in previous layers. look for more about the
        % proof at http://neuralnetworksanddeeplearning.com/chap2.html
% H_t_diff = (future_H_diff * (H_i' + H_o' + H_f' + H_g') + output_diff * out_para') ...
%         .* sigmoid_output_to_derivative(H_t);


        H_t_diff = output_diff * (out_para'); % . * sigmoid_output_to_derivative(H_t);
% H_t_diff = output_diff * (out_para') .* sigmoid_output_to_derivative(H_t);
% future_H_diff = H_t_diff;
% out_para_diff = output_diff * (H_t) * sigmoid_output_to_derivative(out_para);
        out_para_diff = (H_t') * output_diff;                    %输出层权重


        % out_gate diference
```

```
    O_t_diff = H_t_diff . * tan_h(C_t) . * sigmoid_output_to_derivative(O_t);

    % C_t difference
    C_t_diff = H_t_diff . * O_t . * tan_h_output_to_derivative(C_t);
% % C(t-1) difference
% C_t_1_diff = C_t_diff . * F_t;

    % forget_gate_diffrence
    F_t_diff = C_t_diff . * C_t_1 . * sigmoid_output_to_derivative(F_t);

    % in_gate difference
    I_t_diff = C_t_diff . * G_t . * sigmoid_output_to_derivative(I_t);

    % g_gate difference
    G_t_diff = C_t_diff . * I_t . * tan_h_output_to_derivative(G_t);

    % differences of X_i and H_i
    X_i_diff = X' * I_t_diff; % . * sigmoid_output_to_derivative(X_i);
    H_i_diff = (H_t_1)' * I_t_diff; % . * sigmoid_output_to_derivative(H_i);

    % differences of X_o and H_o
    X_o_diff = X' * O_t_diff; % . * sigmoid_output_to_derivative(X_o);
    H_o_diff = (H_t_1)' * O_t_diff; % . * sigmoid_output_to_derivative(H_o);

    % differences of X_o and H_f
    X_f_diff = X' * F_t_diff; % . * sigmoid_output_to_derivative(X_f);
    H_f_diff = (H_t_1)' * F_t_diff; % . * sigmoid_output_to_derivative(H_f);

    % differences of X_o and H_g
    X_g_diff = X' * G_t_diff; % . * tan_h_output_to_derivative(X_g);
    H_g_diff = (H_t_1)' * G_t_diff; % . * tan_h_output_to_derivative(H_g);

    % update
    X_i_update = X_i_update + X_i_diff;
    H_i_update = H_i_update + H_i_diff;
    X_o_update = X_o_update + X_o_diff;
    H_o_update = H_o_update + H_o_diff;
    X_f_update = X_f_update + X_f_diff;
    H_f_update = H_f_update + H_f_diff;
    X_g_update = X_g_update + X_g_diff;
    H_g_update = H_g_update + H_g_diff;
    bi_update = bi_update + I_t_diff;
    bo_update = bo_update + O_t_diff;
    bf_update = bf_update + F_t_diff;
    bg_update = bg_update + G_t_diff;
    out_para_update = out_para_update + out_para_diff;
end

X_i = X_i + X_i_update * alpha;
```

```
        H_i = H_i + H_i_update * alpha;
        X_o = X_o + X_o_update * alpha;
        H_o = H_o + H_o_update * alpha;
        X_f = X_f + X_f_update * alpha;
        H_f = H_f + H_f_update * alpha;
        X_g = X_g + X_g_update * alpha;
        H_g = H_g + H_g_update * alpha;
        bi = bi + bi_update * alpha;
        bo = bo + bo_update * alpha;
        bf = bf + bf_update * alpha;
        bg = bg + bg_update * alpha;
        out_para = out_para + out_para_update * alpha;

        X_i_update = X_i_update * 0;
        H_i_update = H_i_update * 0;
        X_o_update = X_o_update * 0;
        H_o_update = H_o_update * 0;
        X_f_update = X_f_update * 0;
        H_f_update = H_f_update * 0;
        X_g_update = X_g_update * 0;
        H_g_update = H_g_update * 0;
        bi_update = 0;
        bf_update = 0;
        bo_update = 0;
        bg_update = 0;
        out_para_update = out_para_update * 0;

    if(mod(j,1000) == 0)
        if 1 % overallError > 1
            err = sprintf('Error: % s\n', num2str(overallError)); fprintf(err);
        end
        allErr = [allErr overallError];
% try
    d = bin2dec(num2str(d));
% catch
%       disp(d);
% end
        if 1 % overallError > 1
        pred = sprintf('Pred: % s\n',dec2bin(d,8)); fprintf(pred);
        Tru = sprintf('True: % s\n', num2str(c)); fprintf(Tru);
        end
        out = 0;
        tmp = dec2bin(d,8);
        for i = 1:8
            out = out + str2double(tmp(8 - i + 1)) * power(2, i - 1);
        end
        if 1 % overallError > 1
        fprintf('% d +  % d =  % d\n',a_int,b_int,out);
        sep = sprintf('------- % d------\n', j); fprintf(sep);
        end
```

```
        end
    end
figure;plot(allErr);
function output = sigmoid(x)
    output = 1./(1 + exp( - x));
end
function y = sigmoid_output_to_derivative(output)
    y = output. * (1 - output);
end
function y = tan_h_output_to_derivative(x)
    y = (1 - x.^2);
end
function y = tan_h(x)
y = (exp(x) - exp( - x))./(exp(x) + exp( - x));
end
```

2. Word2vec

NLP 的概念本身过于庞大,可以把它分成"自然语言"和"处理"两部分。先来看自然语言,区分于计算机语言,自然语言是人类发展过程中形成的一种信息交流的方式,反映了人类的思维,包括口语及书面语都是以自然语言的形式表达。现在世界上所有的语种语言,都属于自然语言,包括汉语、英语、法语等。

然后再来看"处理"。如果只是人工处理的话,那原本就有专门的语言学进行相关研究,也没必要特地强调"自然",因此,这个"处理"必须是计算机处理。但计算机毕竟不是人,无法像人一样处理文本,而是需要有自己的处理方式。因此自然语言处理,简单来说即是计算机接收用户自然语言形式的输入,并在内部通过人类定义的算法进行加工、计算等系列操作,模拟人类对自然语言的理解,并返回用户所期望的结果。正如机械解放人类的双手一样,自然语言处理的目的在于用计算机代替人工处理大规模的自然语言信息。它是人工智能、计算机科学和信息工程的交叉领域,涉及统计学和语言学等知识。由于语言是人类思维的证明,故自然语言处理是人工智能的最高境界,被誉为"人工智能皇冠上的明珠"。

在自然语言处理的大部分任务中,需要将大量文本数据传入计算机中,进行信息发掘以便后续工作。但是目前计算机所能处理的只能是数值,无法直接分析文本,因此,将原有的文本数据转换为数值数据成为自然语言处理任务的关键一环。

Word2vec 是用于产生词向量的相关模型。这些模型为浅层双层的神经网络,用来训练以重新建构语言学之词文本。

简单来说,Word2vec 的系列模型可以将文字(此处特指中文字符)转换成向量,比如"我爱中国"这句话,经过模型处理后,可能会变为以下 4 个向量:$(0.12, 0.45, -0.3, 0.44)$、$(0.2, 0.6, 0.7, 0.9)$、$(-0.76, 0.53, 0.88, -0.31)$、$(0.47, 0.92, 0.66, 0.89)$,这种向量称为词向量(对中文而言也可以称作字向量),后续对"我爱中国"的处理便可以转为对以上 4 个词向量的处理。

模型的训练思路大体如下：初始先给每个字随机分配一个词向量，然后选定一字作为中心字，取一个固定的长度，在原始语料中获得训练样本，如图 4.42 所示。

图 4.42　Word2vec 训练过程

Word2vec 的 Python 代码实现如下：

```python
import numpy as np
from collections import defaultdict


class word2vec():

    def __init__(self):
        self.n = settings['n']
        self.lr = settings['learning_rate']
        self.epochs = settings['epochs']
        self.window = settings['window_size']


    def generate_training_data(self, settings, corpus):
        """
        得到训练数据
        """
        #defaultdict(int) 一个字典,当所访问的键不存在时,用 int 类型实例化一个默认值
        word_counts = defaultdict(int)
        #遍历语料库 corpus
        for row in corpus:
            for word in row:
                #统计每个单词出现的次数
                word_counts[word] += 1
        # 词汇表的长度
        self.v_count = len(word_counts.keys())
        # 在词汇表中的单词组成的列表
        self.words_list = list(word_counts.keys())
        # 以词汇表中单词为 key,索引为 value 的字典数据
        self.word_index = dict((word, i) for i, word in enumerate(self.words_list))
        #以索引为 key,以词汇表中单词为 value 的字典数据
```

```
        self.index_word = dict((i, word) for i, word in enumerate(self.words_list))
        training_data = []
        for sentence in corpus:
            sent_len = len(sentence)
            for i, word in enumerate(sentence):
                    w_target = self.word2onehot(sentence[i])
                    w_context = []
                    for j in range(i - self.window, i + self.window):
                        if j != i and j <= sent_len - 1 and j >= 0:
                            w_context.append(self.word2onehot(sentence[j]))
                    training_data.append([w_target, w_context])
        return np.array(training_data)
    def word2onehot(self, word):
        # 将词用 one-hot 编码
        word_vec = [0 for i in range(0, self.v_count)]
        word_index = self.word_index[word]
        word_vec[word_index] = 1
        return word_vec
    def train(self, training_data):
        # 随机化参数 w1,w2
        self.w1 = np.random.uniform(-1, 1, (self.v_count, self.n))
        self.w2 = np.random.uniform(-1, 1, (self.n, self.v_count))
        for i in range(self.epochs):
            self.loss = 0
            # w_t 是表示目标词的 one-hot 向量
            # w_t -> w_target,w_c -> w_context
            for w_t, w_c in training_data:
                    # 前向传播
                    y_pred, h, u = self.forward(w_t)
                    # 计算误差
                    EI = np.sum([np.subtract(y_pred, word) for word in w_c], axis=0)
                    # 反向传播,更新参数
                    self.backprop(EI, h, w_t)
                    # 计算总损失
                    self.loss += -np.sum([u[word.index(1)] for word in w_c]) + len(w_c)
* np.log(np.sum(np.exp(u)))

            print('Epoch:', i, "Loss:", self.loss)
    def forward(self, x):
        """
        前向传播
        """
        h = np.dot(self.w1.T, x)
        u = np.dot(self.w2.T, h)
        y_c = self.softmax(u)
        return y_c, h, u
    def softmax(self, x):
        """
        """
        e_x = np.exp(x - np.max(x))
```

```
                return e_x / np.sum(e_x)
        def backprop(self, e, h, x):
            d1_dw2 = np.outer(h, e)
            d1_dw1 = np.outer(x, np.dot(self.w2, e.T))
            self.w1 = self.w1 - (self.lr * d1_dw1)
            self.w2 = self.w2 - (self.lr * d1_dw2)
        def word_vec(self, word):
            """
            获取词向量
            通过获取的索引直接在权重向量中找
            """
            w_index = self.word_index[word]
            v_w = self.w1[w_index]
            return v_w
        def vec_sim(self, word, top_n):
            """
            找相似的词
            """
            v_w1 = self.word_vec(word)
            word_sim = {}
            for i in range(self.v_count):
                v_w2 = self.w1[i]
                theta_sum = np.dot(v_w1, v_w2)
                #np.linalg.norm(v_w1) 求范数,默认为 2 范数,即平方和的二次开方
                theta_den = np.linalg.norm(v_w1) * np.linalg.norm(v_w2)
                theta = theta_sum / theta_den
                word = self.index_word[i]
                word_sim[word] = theta
            words_sorted = sorted(word_sim.items(), key = lambda kv: kv[1], reverse = True)
            for word, sim in words_sorted[:top_n]:
                print(word, sim)
        def get_w(self):
            w1 = self.w1
            return w1
#超参数
settings = {
    'window_size': 2,   #窗口尺寸 m
    #单词嵌入(word embedding)的维度,维度也是隐层的大小
    'n': 10,
    'epochs': 50,   #表示遍历整个样本的次数.在每个 epoch 中,循环通过训练集样本
    'learning_rate':0.01 #学习率
}


#数据准备
text = "natural language processing and machine learning is fun and exciting"
#按照单词间的空格对语料库进行分词
corpus = [[word.lower() for word in text.split()]]
print(corpus)
#初始化一个 word2vec 对象
w2v = word2vec()
```

```
training_data = w2v.generate_training_data(settings,corpus)
# 训练
w2v.train(training_data)
# 获取词的向量
word = "machine"
vec = w2v.word_vec(word)
print(word, vec)
# 找相似的词
w2v.vec_sim("machine", 3)
```

第 5 章

机 器 学 习

5.1　朴素贝叶斯算法

本节将详细研究朴素贝叶斯(Naive Bayes,NB)算法。本节内容主要包括:

➤ 朴素贝叶斯算法的基本原理及思想;

➤ 朴素贝叶斯算法的流程;

➤ 朴素贝叶斯算法的模型;

➤ 朴素贝叶斯算法的特性及应用场景。

5.1.1　朴素贝叶斯算法的基本概念

NB算法是应用最为广泛的分类算法之一,也是为数不多的基于概率论的分类算法。它是在贝叶斯算法的基础上进行了相应的简化,即假定给定目标值时属性之间相互条件独立。虽然这个简化方式在一定程度上降低了贝叶斯分类算法的分类效果,但是在实际的应用场景中,极大地简化了贝叶斯算法的复杂性,且容易实现。在现实生活中,朴素贝叶斯算法广泛应用于垃圾邮件过滤、垃圾邮件的分类、信用评估及钓鱼网站检测等。

1. 基本原理

朴素贝叶斯分类(Naive Bayesian Classification,NBC)是以贝叶斯定理为基础并且假设特征条件之间相互独立的方法,先通过已给定的训练集,以特征词之间独立作为前提假设,学习从输入到输出的联合概率分布,再基于学习到的模型,输入 x 求出使得后验概率最大的输出 Y。

设有样本数据集 $D=\{d_1,d_2,\cdots,d_n\}$,对应样本数据的特征属性集为 $X=\{x_1,x_2,\cdots,x_d\}$,类变量为 $Y=\{y_1,y_2,\cdots,y_m\}$,即 D 可以分为 y_m 类别。如果 $x_1,x_2,\cdots,x_d$ 相互独立且随机,则 Y 的先验概率 $P_{\text{prior}}=P(Y)$,Y 的后验概率 $P_{\text{post}}=P(Y|X)$,由朴素贝叶斯算法可知,后验概率可以由先验概率 $P_{\text{prior}}=P(Y)$、证据 $P(X)$ 及类条件概率 $P(X|Y)$ 得出:

$$P(Y \mid X) = \frac{P(Y)P(X \mid Y)}{P(X)} \tag{5-1}$$

朴素贝叶斯基于各特征之间相互独立,在给定类别为 y 的情况下,式(5-1)可以进一步表示为

$$P(X \mid Y=y) = \prod_{i=1}^{d} P(x_i \mid Y=y) \tag{5-2}$$

整理式(5-1)和式(5-2)可得后验概率为

$$P_{\text{post}} = P(Y \mid X) = \frac{P(Y) \prod_{i=1}^{d} P(x_i \mid Y)}{P(X)} \tag{5-3}$$

由于 $P(X)$ 的大小是固定不变的,因此在比较后验概率时,只比较式(5-3)的分子部分即可,因此可以得到一个样本数据属于类别 y_i 的朴素贝叶斯:

$$P(y_i \mid x_1, x_2, \cdots, x_d) = \frac{P(y_i) \prod_{j=1}^{d} P(x_j \mid y_i)}{\prod_{j=1}^{d} P(x_j)} \tag{5-4}$$

2. 基本思想

上面介绍了朴素贝叶斯算法的基本原理,下面通过一个简单例子理解朴素贝叶斯算法的基本思想。

【例 5-1】 某医院早上接诊了 6 个门诊病人,现在又来的第 7 个病人是一个打喷嚏的建筑工人。请问他患感冒的概率有多大(假定"症状"与"职业"两个特征相互独立)? 病人情况对照见表 5.1。

表 5.1 病人情况对照表

症 状	职 业	疾 病
打喷嚏	护士	感冒
打喷嚏	农夫	过敏
头痛	建筑工人	脑震荡
头痛	建筑工人	感冒
打喷嚏	教师	感冒
头痛	教师	脑震荡

解:根据贝叶斯定理

$$P(Y \mid X) = \frac{P(Y)P(X \mid Y)}{P(X)}$$

可得:

$$P(\text{感冒} \mid \text{打喷嚏} \times \text{建筑工人}) = \frac{P(\text{打喷嚏} \times \text{建筑工人} \mid \text{感冒}) \times P(\text{感冒})}{P(\text{打喷嚏} \times \text{建筑工人})}$$

假定"打喷嚏"和"建筑工人"这两个特征是独立的,所以有:

$$P(感冒 \mid 打喷嚏 \times 建筑工人) = \frac{P(打喷嚏 \mid 感冒) \times P(建筑工人 \mid 感冒) \times P(感冒)}{P(打喷嚏) \times P(建筑工人)}$$

则

$$P(感冒 \mid 打喷嚏 \times 建筑工人) = \frac{\frac{2}{3} \times \frac{1}{3} \times \frac{1}{2}}{\frac{1}{3} \times \frac{1}{2}} = \frac{2}{3}$$

因此,这个打喷嚏的建筑工人,有 66% 的概率是感冒了。同理,可以计算这个病人过敏或脑震荡的概率。比较这几个概率,就可以知道病人最可能得了什么病。

这就是朴素贝叶斯算法的基本方法,即在概率基础上,依据某些特征,计算各个类别的概率,从而实现分类。

5.1.2 朴素贝叶斯算法的流程与模型

1. 具体流程

朴素贝叶斯算法分为 3 个阶段,具体流程如图 5.1 所示。

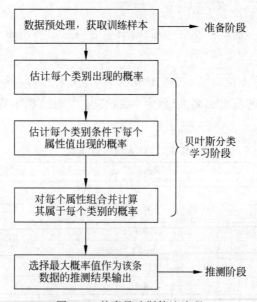

图 5.1 朴素贝叶斯算法流程

第一阶段——准备阶段,根据具体情况确定特征属性,对每个特征属性进行适当划分,然后由人工对一部分待分类项进行分类,形成训练样本集合。这一阶段的输入是所有待分类数据,输出是特征属性和训练样本。这一阶段是整个朴素贝叶斯分类中唯一需要人工完成的阶段,其优劣对整个过程将有重要影响,分类器的优劣很大程度上由特征属性、特征属性划分及训练样本质量决定。

第二阶段——贝叶斯分类学习阶段。这个阶段的任务就是生成分类器,主要工作是计算每个类别在训练样本中的出现频率及每个特征属性划分对每个类别的条件概率估计,并记录结果。其输入是特征属性和训练样本,输出是分类器。这一阶段是机械性阶段,可以根据前面讨论的公式由程序自动计算完成。

第三阶段——推测阶段。这个阶段的任务是使用分类器对待分类项进行分类,其输入是待分类项,输出是待分类项与类别的映射关系。这一阶段也是机械性阶段,由程序完成。

2. 常用模型

朴素贝叶斯算法有 3 个常用的模型。

(1) 高斯模型:处理特征是连续型变量的情况。当特征是连续型变量时,运用多项式模型就会导致很多 $P(x_i|y_k)=0$(不做平滑的情况下),此时即使做平滑,所得到的条件概率也难以描述真实情况,所以处理连续的特征变量,应该采用高斯模型。

(2) 多项式模型:最常见且要求特征是离散数据。当特征是离散数据时,使用多项式模型。多项式模型在计算先验概率 $P(y_k)$ 和条件概率 $P(x_i|y_k)$ 时,会做一些平滑处理,如果不做平滑处理,当某一维特征的值 x_i 没在训练样本中出现过时($P(x_i|y_k)=0$),会导致后验概率为 0,加上平滑就可以克服这个问题。

(3) 伯努利模型:要求特征是离散的,且为布尔类型,即 true 和 false,或者 1 和 0。与多项式模型一样,伯努利模型适用于离散特征的情况,但伯努利模型中每个特征的取值只能是 1 和 0(以文本分类为例,某个单词在文档中出现过,则其特征值为 1,否则为 0)。伯努利模型中,条件概率 $P(x_i|y_k)$ 的计算方式为

$$\begin{cases} P(x_i \mid y_k) = P(x_i = 1 \mid y_k), & x_i = 1 \\ P(x_i \mid y_k) = 1 - P(x_i = 1 \mid y_k), & x_i = 0 \end{cases}$$

5.1.3 朴素贝叶斯算法的特性与应用场景

1. 算法特性

朴素贝叶斯算法假设数据集属性之间是相互独立的,因此算法的逻辑性十分简单,并且算法较为稳定。当数据呈现不同的特点时,朴素贝叶斯的分类性能不会有太大的差异。换句话说,就是朴素贝叶斯算法的健壮性比较好,对于不同类型的数据集不会呈现出太大的差异性。当数据集属性之间的关系相对比较独立时,朴素贝叶斯分类算法会有较好的效果。

属性独立性的条件同时也是朴素贝叶斯分类器的不足之处。数据集属性的独立性在很多情况下是很难满足的,因为数据集的属性之间往往都存在相互关联,如果在分类过程中出现这种问题,会导致分类的效果大大降低。

2. 实际应用场景

朴素贝叶斯算法应用广泛,主要用于以下几个方面。

（1）文本分类。

（2）垃圾邮件过滤。

（3）病人分类。

（4）拼写检查。

（5）信用评估。

（6）钓鱼网站检测。

5.1.4 朴素贝叶斯算法的相关应用与 MATLAB 算例

1. 应用实例 1——判断人是否有对象

假设给定一个数据集，以这个数据集为基础，对于一个新的决策向量，基于式(5-1)～式(5-4)能够得到一个最大概率的值，将大概率事件作为目标值输出，就是对此决策向量的分类。

【例 5-2】 以表 5.2 中的数据为例，其中 1 表示是，0 表示否，那么现在得知一个人声音好听、颜值低、情商低、智商高($X_1=1$，$X_2=0$，$X_3=0$，$X_4=1$)，是否可以判断他有(将有)对象？

表 5.2 对照表

X_1：声音好听	X_2：颜值高	X_3：情商高	X_4：智商高	Y：能否找到另一半
1	0	0	0	0
0	1	1	0	1
0	0	1	1	1
1	0	1	0	1
0	1	1	0	1
1	1	1	1	0
0	0	1	1	0

解：

$$P(X_i \mid Y=1) = \left[\frac{1}{4}, \frac{2}{4}, 0, \frac{1}{4}\right]$$

$$P(X_i \mid Y=0) = \left[\frac{2}{3}, \frac{2}{3}, \frac{2}{3}, \frac{2}{3}\right]$$

$$P(Y=1) = \frac{4}{7}$$

$$P(Y=0) = \frac{3}{7}$$

有对象的概率为 $P=0$，没对象的概率为 $P=48/567=0.0847$，说明这个人很可能不会有对象。其 MATLAB 代码如下：

```
clc;clear all;
input = load("BayesData.txt")
[l,w] = size(input);
count = zeros(2,w);
for i = 1:1:l
for j = 1:1:w
if input(i,j) == 1 && input(i,end) == 1
count(1,j) = count(1,j) + 1;
elseif input(i,j) == 1 && input(i,end) == 0
count(2,j) = count(2,j) + 1;
end
end
end
count(2,end) = 1 - count(1,end);
test_data = [1 0 0 1];
answer = [0,0];
% case 1:
temp = 1;
for i = 1:1:w - 1
if test_data(i) == 1
temp = temp * count(1,i)/count(1,end);
else
temp = temp * (1 - count(1,i)/count(1,end));
end
end
answer(1) = count(1,end)/l * temp;
% case 0:
temp = 1;
for i = 1:1:w - 1
if test_data(i) == 1
temp = temp * count(2,i)/count(2,end);
else
temp = temp * (1 - count(2,i)/count(2,end));
end
end
answer(2) = count(2,end)/l * temp;
answer
if answer(1) > answer(2)
disp("可能会有对象")
else
disp("可能没有对象")
end
```

实现结果如图 5.2 所示。

从例 5-2 的结果可以看出,一个人声音好听且智商高,但是长得不好看还情商低,还是比较难找对象的。

2. 应用实例 2——判断西瓜好坏

【例 5-3】 现在有一个西瓜,它的属性值如下:

图 5.2　MATLAB 代码实现结果

色泽：青绿；根蒂：蜷缩；敲声：浊响；纹理：清晰；

脐部：凹陷；触感：硬滑；密度：0.697；糖率：0.460。

西瓜属性对照表如表 5.3 所示，判断该西瓜是好瓜还是坏瓜。

表 5.3　西瓜属性对照表

编号	色泽	根蒂	敲声	纹理	脐部	触感	密度	糖率	好瓜
1	青绿	蜷缩	浊响	清晰	凹陷	硬滑	0.697	0.460	是
2	乌黑	蜷缩	沉闷	清晰	凹陷	硬滑	0.774	0.376	是
3	乌黑	蜷缩	浊响	清晰	凹陷	硬滑	0.634	0.364	是
4	青绿	蜷缩	沉闷	清晰	凹陷	硬滑	0.608	0.318	是
5	浅白	蜷缩	浊响	清晰	凹陷	硬滑	0.556	0.215	是
6	青绿	稍蜷	浊响	清晰	稍凹	软黏	0.403	0.237	是
7	乌黑	稍蜷	浊响	稍糊	稍凹	软黏	0.481	0.149	是
8	乌黑	稍蜷	浊响	清晰	稍凹	硬滑	0.437	0.211	是
9	乌黑	稍蜷	沉闷	稍糊	稍凹	硬滑	0.666	0.091	否
10	青绿	硬挺	清脆	清晰	平坦	软黏	0.243	0.267	否
11	浅白	硬挺	清脆	模糊	平坦	硬滑	0.245	0.057	否
12	浅白	蜷缩	浊响	模糊	平坦	软黏	0.343	0.099	否
13	青绿	稍蜷	浊响	稍糊	凹陷	硬滑	0.639	0.161	否
14	浅白	稍蜷	沉闷	稍糊	凹陷	硬滑	0.657	0.198	否
15	乌黑	稍蜷	浊响	清晰	稍凹	软黏	0.360	0.370	否
16	浅白	蜷缩	浊响	模糊	平坦	硬滑	0.593	0.042	否
17	青绿	蜷缩	沉闷	稍糊	稍凹	硬滑	0.719	0.103	否

解：首先求每个类的先验概率，就是好瓜和坏瓜的比例。

$$P(好瓜) = \frac{8}{17} = 0.471$$

$$P(坏瓜) = \frac{9}{17} = 0.529$$

然后为每个属性值估计概率：

$$P(色泽＝青绿 \mid 好瓜＝是) = \frac{3}{8} = 0.375$$

$$P(色泽＝青绿 \mid 好瓜＝否) = \frac{3}{9} = 0.333$$

$$P(根蒂＝蜷缩 \mid 好瓜＝是) = \frac{5}{8} = 0.625$$

$$P(根蒂＝蜷缩 \mid 好瓜＝否) = \frac{3}{9} = 0.333$$

$$P(敲声－浊响 \mid 好瓜＝是) = \frac{6}{8} = 0.750$$

$$P(敲声＝浊响 \mid 好瓜＝否) = \frac{4}{9} = 0.444$$

$$P(纹理＝清晰 \mid 好瓜＝是) = \frac{7}{8} = 0.875$$

$$P(纹理＝清晰 \mid 好瓜＝否) = \frac{2}{9} = 0.222$$

$$P(脐部＝凹陷 \mid 好瓜＝是) = \frac{6}{8} = 0.750$$

$$P(脐部＝凹陷 \mid 好瓜＝否) = \frac{2}{9} = 0.222$$

$$P(触感＝硬滑 \mid 好瓜＝是) = \frac{6}{8} = 0.750$$

$$P(触感＝硬滑 \mid 好瓜＝否) = \frac{6}{9} = 0.667$$

$$P(密度＝0.697 \mid 好瓜＝是) = \frac{1}{\sqrt{2\pi} \cdot 0.129} e^{-\left(\frac{(0.697-0.574)^2}{2 \cdot 0.129^2}\right)} = 1.959$$

$$P(密度＝0.697 \mid 好瓜＝否) = \frac{1}{\sqrt{2\pi} \cdot 0.195} e^{-\left(\frac{(0.697-0.496)^2}{2 \cdot 0.195^2}\right)} = 1.203$$

$$P(含糖率＝0.460 \mid 好瓜＝是) = \frac{1}{\sqrt{2\pi} \cdot 0.101} e^{-\left(\frac{(0.460-0.279)^2}{2 \cdot 0.101^2}\right)} = 0.788$$

$$P(含糖率 = 0.460 \mid 好瓜 = 否) = \frac{1}{\sqrt{2\pi} \cdot 0.108} e^{-\left(\frac{(0.460-0.154)^2}{2 \cdot 0.108^2}\right)} = 0.066$$

计算西瓜是好瓜和坏瓜的概率,哪个概率大就认为它是哪种瓜。

$$P(好瓜 = 是) \times P(色泽 = 青绿 \mid 好瓜 = 是) \times P(根蒂 = 蜷缩 \mid 好瓜 = 是) \times$$
$$P(敲声 = 浊响 \mid 好瓜 = 是) \times P(纹理 = 清晰 \mid 好瓜 = 是) \times$$
$$P(脐部 = 凹陷 \mid 好瓜 = 是) \times P(触感 = 硬滑 \mid 好瓜 = 是) \times$$
$$P(密度 = 0.697 \mid 好瓜 = 是) \times P(含糖率 = 0.460 \mid 好瓜 = 是)$$
$$= 0.038$$

$$P(好瓜 = 否) \times P(色泽 = 青绿 \mid 好瓜 = 否) \times P(根蒂 = 蜷缩 \mid 好瓜 = 否) \times$$
$$P(敲声 = 浊响 \mid 好瓜 = 否) \times P(纹理 = 清晰 \mid 好瓜 = 否) \times$$
$$P(脐部 = 凹陷 \mid 好瓜 = 否) \times P(触感 = 硬滑 \mid 好瓜 = 否) \times$$
$$P(密度 = 0.697 \mid 好瓜 = 否) \times P(含糖率 = 0.460 \mid 好瓜 = 否)$$
$$= 6.80 \times 10^{-5}$$

由此可知,该西瓜是好瓜。

在实现过程中,将数据分成训练集和测试集,计算测试集中每个类的先验概率(就是每个类在训练集中占的比例),然后为样本的每个属性估计条件概率(就是属性值相同的样本在每一类中占的比例)。其 MATLAB 代码如下:

```
[b] = xlsread('mix.xlsx',1,'A1:C1628');
x = b(:,1);
y = b(:,2);
c = b(:,3);
data = [x,y];
NUM = 500;%样本数量
Test = sortrows([x(1:NUM,1),y(1:NUM,1),c(1:NUM,1)],3);%按类对样本排序
temp = zeros(23,5);%存储样本中各属性的均值、方差和每个类的概率
%计算样本中各属性的均值、方差和每个类的概率
for i = 1:23
    X = [];
    Y = [];
    count = 0;
    for j = 1:NUM
        if Test(j,3) == i
            X = [X;Test(j,1)];
            Y = [Y;Test(j,2)];
            count = count + 1;
        end
    end
    temp(i,1) = mean(X);
    temp(i,2) = std(X);
    temp(i,3) = mean(Y);
    temp(i,4) = std(Y);
    temp(i,5) = count/NUM;
end
```

```
% 计算预测结果
result = [];
for m = 1:1628
    pre = [];
    for n = 1:23
        PX = 1/temp(n,2) * exp(((data(m,1) - temp(n,1))^2)/ - 2/(temp(n,2)^2));
        PY = 1/temp(n,4) * exp(((data(m,2) - temp(n,3))^2)/ - 2/(temp(n,4)^2));
        pre = [pre;PX * PY * temp(n,5) * 10^8];
    end
    [da,index] = max(pre);
    result = [result;index];
end
xlswrite('mix.xlsx',result,'E1:E1628');
% 画图
for i = 1:1628
    rand('seed',result(i,1));
    color = rand(1,3);
    plot(x(i,1),y(i,1),' * ','color',color);
    hold on;
end
% 查看正确率
num = 0;
for i = 1:1628
    if result(i) == c(i)
        num = num + 1; % 正确的个数
    end
end
```

实现结果如图 5.3 所示。

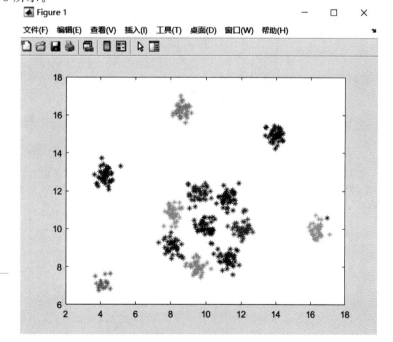

图 5.3　MATLAB 代码实现结果

3. 应用实例 3——判断花的类别

【例 5-4】 假设有三类花,且它们在自然界的数量都相同,即在这三类中任意取一枝花,$P(A)=P(B)=P(C)=1/3$。现有一枝花,判断其属于哪一类。在没有任何提示的情况下,可以得知,属于三类花的可能性一样。若此时用 4 维向量 x:花萼的长度、花萼的宽度、花瓣的长度、花瓣的宽度表示各自的特征,并且这些特征已知,这时判断它属于哪一类花。

解:已知某样本的特征,判断它是哪一类,就是模式识别的任务,而已知某样本的特征,得出它属于这些类的概率,最大者为所属的类,就是贝叶斯分类的方法。以 A 为例,利用贝叶斯公式:

$$P(A \mid \boldsymbol{x}) = \frac{P(A, \boldsymbol{x})}{P(\boldsymbol{x})} = \frac{P(\boldsymbol{x} \mid A)P(A)}{P(\boldsymbol{x})} = \frac{P(\boldsymbol{x} \mid A)P(A)}{\sum\limits_{i=1}^{3} P(\boldsymbol{x} \mid \omega_i)P(\omega_i)}, \quad \omega_i = A, B, C$$

其中,$P(\boldsymbol{x})$ 表示这三类花中,花萼的长度、花萼的宽度、花瓣的长度和花瓣的宽度的总体密度分布,对于三类花来说,都是一致的。$P(A)=1/3$ 称为先验概率,在实践中有已知的统计。$P(\boldsymbol{x} \mid A)$ 为类条件密度,即 A 类花的花萼的长度、花萼的宽度、花瓣的长度、花瓣的宽度服从的分布,在朴素贝叶斯分类中,假设该分布密度为 4 元高斯分布;$P(A \mid \boldsymbol{x})$ 称为后验概率。所以,在求解 $P(A \mid \boldsymbol{x})$ 时,只需求解其展开公式的分子即可。

其 MATLAB 代码如下:

```
clear; clc;
```

A = [5.1,3.5,1.4,0.2	B = [6.4,3.2,4.5,1.5	C = [6.3,3.3,6.0,2.5
4.9,3.0,1.4,0.2	6.9,3.1,4.9,1.5	5.8,2.7,5.1,1.9
4.7,3.2,1.3,0.2	5.5,2.3,4.0,1.3	7.1,3.0,5.9,2.1
4.6,3.1,1.5,0.2	6.5,2.8,4.6,1.5	6.3,2.9,5.6,1.8
5.0,3.6,1.4,0.2	5.7,2.8,4.5,1.3	6.5,3.0,5.8,2.2
5.4,3.9,1.7,0.4	6.3,3.3,4.7,1.6	7.6,3.0,6.6,2.1
4.6,3.4,1.4,0.3	4.9,2.4,3.3,1.0	4.9,2.5,4.5,1.7
5.0,3.4,1.5,0.2	6.6,2.9,4.6,1.3	7.3,2.9,6.3,1.8
4.4,2.9,1.4,0.2	5.2,2.7,3.9,1.4	6.7,2.5,5.8,1.8
4.9,3.1,1.5,0.1	5.0,2.0,3.5,1.0	7.2,3.6,6.1,2.5
5.4,3.7,1.5,0.2	5.9,3.0,4.2,1.5	6.5,3.2,5.1,2.0
4.8,3.4,1.6,0.2	6.0,2.2,4.0,1.0	6.4,2.7,5.3,1.9
4.8,3.0,1.4,0.1	6.1,2.9,4.7,1.4	6.8,3.0,5.5,2.1
4.3,3.0,1.1,0.1	5.6,2.9,3.6,1.3	5.7,2.5,5.0,2.0
5.8,4.0,1.2,0.2	6.7,3.1,4.4,1.4	5.8,2.8,5.1,2.4
5.7,4.4,1.5,0.4	5.6,3.0,4.5,1.5	6.4,3.2,5.3,2.3
5.4,3.9,1.3,0.4	5.8,2.7,4.1,1.0	6.5,3.0,5.5,1.8
5.1,3.5,1.4,0.3	6.2,2.2,4.5,1.5	7.7,3.8,6.7,2.2
5.7,3.8,1.7,0.3	5.6,2.5,3.9,1.1	7.7,2.6,6.9,2.3
5.1,3.8,1.5,0.3	5.9,3.2,4.8,1.8	6.0,2.2,5.0,1.5
5.4,3.4,1.7,0.2	6.1,2.8,4.0,1.3	6.9,3.2,5.7,2.3
5.2,4.1,1.5,0.1	6.3,2.5,4.9,1.5	5.6,2.8,4.9,2.0

```
        5.5,4.2,1.4,0.2          6.1,2.8,4.7,1.2          7.7,2.8,6.7,2.0
        4.9,3.1,1.5,0.1          6.4,2.9,4.3,1.3          6.3,3.4,5.6,2.4
        5.0,3.2,1.2,0.2          6.6,3.0,4.4,1.4          6.4,3.1,5.5,1.8
        5.5,3.5,1.3,0.2          6.8,2.8,4.8,1.4          6.0,3.0,4.8,1.8
        4.9,3.1,1.5,0.1          6.7,3.0,5.0,1.7          6.9,3.1,5.4,2.1
        4.4,3.0,1.3,0.2          6.0,2.9,4.5,1.5          6.7,3.1,5.6,2.4
        5.1,3.4,1.5,0.2          5.7,2.6,3.5,1.0          6.9,3.1,5.1,2.3
        5.0,3.5,1.3,0.3          5.5,2.4,3.8,1.1          5.8,2.7,5.1,1.9
        4.5,2.3,1.3,0.3          5.5,2.4,3.7,1.0          6.8,3.2,5.9,2.3
        4.4,3.2,1.3,0.2          5.8,2.7,3.9,1.2          6.7,3.3,5.7,2.5
        5.0,3.5,1.6,0.6          6.0,2.7,5.1,1.6          6.7,3.0,5.2,2.3
        5.1,3.8,1.9,0.4          5.4,3.0,4.5,1.5          6.3,2.5,5.0,1.9
        4.8,3.0,1.4,0.3          6.0,3.4,4.5,1.6          6.5,3.0,5.2,2.0
        5.1,3.8,1.6,0.2          6.7,3.1,4.7,1.5          6.2,3.4,5.4,2.3
        4.6,3.2,1.4,0.2          6.3,2.3,4.4,1.3          5.9,3.0,5.1,1.8];
        5.3,3.7,1.5,0.2          5.6,3.0,4.1,1.3
        5.0,3.3,1.4,0.2          5.7,2.8,4.1,1.3];
        7.0,3.2,4.7,1.4];
```

```
NA = size(A,1);NB = size(B,1);NC = size(C,1);
A_train = A(1:floor(NA/2),:);% 训练数据取 1/2(或者 1/3,3/4,1/4)
B_train = B(1:floor(NB/2),:);
C_train = C(1:floor(NC/2),:);
u1 = mean(A_train)';u2 = mean(B_train)';u3 = mean(C_train)';
S1 = cov(A_train);S2 = cov(B_train);S3 = cov(C_train);
S11 = inv(S1);S22 = inv(S2);S33 = inv(S3);
S1_d = det(S1);S2_d = det(S2);S3_d = det(S3);
PA = 1/3;PB = 1/3;PC = 1/3;  % 假设各类花的先验概率相等,即都为 1/3
A_test = A((floor(NA/2) + 1):end,:);
B_test = B((floor(NB/2) + 1):end,:);
C_test = C((floor(NC/2) + 1):end,:);
% test of Sample_A
right1 = 0;
error1 = 0;
for i = 1:size(A_test,1)
P1 = ( - 1/2) * (A_test(i,:)' - u1)' * S11 * (A_test(i,:)' - u1) - (1/2) * log(S1_d) + log(PA);
P2 = ( - 1/2) * (A_test(i,:)' - u2)' * S22 * (A_test(i,:)' - u2) - (1/2) * log(S2_d) + log(PB);
P3 = ( - 1/2) * (A_test(i,:)' - u3)' * S33 * (A_test(i,:)' - u3) - (1/2) * log(S3_d) + log(PC);
P = [P1 P2 P3];
[Pm,ind] = max(P);
if ind == 1
right1 = right1 + 1;
else
error1 = error1 + 1;
end
end
right_rate = right1/size(A_test,1)  % 计算 A 中测试数据的准确率,同理可以计算 B 和 C
```

5.2　决策树

本节将详细研究决策树(Decision Tree,DT)。本节内容主要包括：

➤ 决策树的定义及特性；

➤ 决策树分裂属性的选择；

➤ 决策树停止分裂的条件；

➤ 决策树的剪枝；

➤ 决策树的三种算法；

➤ 决策树生成算法的步骤。

5.2.1　决策树的基本概念

决策树是一种较为通用的分类方法，决策树模型简单并易于理解，且决策树转换为 SQL 语句很容易，能有效地访问数据库。特别地，很多情况下，决策树分类器的准确度与其他分类方法相似，甚至更好。目前已形成了多种决策树算法，如 ID3、CART、C4.5、SLIQ、SPRINT 等。本节主要介绍决策树定义及其特性。

1. 决策树的定义

决策树是在已知各种情况发生概率的基础上，通过构建决策树求取净现值的期望值大于或等于零的概率，评价项目风险，判断其可行性的决策分析方法，是直观运用概率分析的一种图解法。由于这种决策分支画成图形很像一棵树的枝干，故称决策树。

决策树是一种树形结构，其中每个内部节点表示一个属性上的测试，每个分支代表一个测试输出，每个叶节点代表一种类别。决策树是一种十分常用的分类方法。

【例 5-5】　某高尔夫俱乐部的经理为了调控俱乐部雇员数量，减少资金浪费，通过下周天气预报判断什么时候人们会打高尔夫球，以适时调整雇员数量。

解：通过收集天气状况(晴、多云和雨)、相对湿度(百分比)、有无风以及顾客是不是在这些日子光顾俱乐部，最终得到 14 列 5 行的数据表格。根据上面的自变量，建立了图 5.4 所示的决策树。

类似人类的思维过程，决策树就像一棵从根长出来的树(这里是倒着长的，也有横着长的)。最上面的节点叫作根节点，而最下面放置判断结果的节点叫作叶节点或者终节点。上面的描述性决策树是多分叉的，即每个非叶节点有两个分叉或三个分叉。决策树的节点上的变量可能是各种形式的(连续、离散、有序、分类变量等)，一个变量也可以重复出现在不同的节点。一个节点前面的节点称为父节点(母节点或父母节点)，而该节点为前面节点的子节点(女节点或子女节点)，并列的节点称为兄弟节点(姊妹节点)。

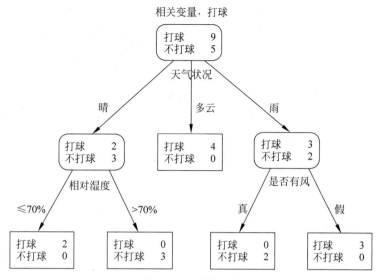

图 5.4 决策树实例

2．决策树的特性

决策树的优点如下。

（1）决策树易于理解和实现，能够直接体现数据的特点，人们在学习过程中不需要使用者了解很多的背景知识，只要通过必要的解释即可理解决策树所表达的意义。

（2）对于决策树，数据的准备往往是简单的或者是不必要的，而且能够同时处理数据型和常规型属性，在相对短的时间内能够对大型数据源得出可行且效果良好的结果。

（3）易于通过静态测试来对模型进行评测，可以测定模型可信度。如果给定一个观察的模型，那么根据所产生的决策树很容易推出相应的逻辑表达式。

决策树的缺点如下。

（1）对连续性的字段比较难预测。

（2）对有时间顺序的数据，需要很多预处理的工作。

（3）当类别太多时，错误可能就会增加得比较快。

（4）算法分类时，一般只是根据一个字段来分类。

5.2.2 决策树的构建

决策树的构建是数据逐步分裂的过程，构建的步骤如下。

步骤 1：将所有的数据看作一个节点，进入步骤 2。

步骤 2：从所有的数据特征中挑选一个数据特征对节点进行分割，进入步骤 3。

步骤 3：生成若干子节点，对每一个子节点进行判断，如果满足停止分裂的条件，进入步骤 4；否则，进入步骤 2。

步骤 4：设置该节点是子节点，其输出的结果为该节点数量占比最大的类别。

从上述步骤可以看出，决策生成过程中有两个重要的问题：如何选择分裂的特征、什么时候停止分裂。

1. 分裂属性的选择

决策树采用贪婪思想进行分裂，即选择可以得到最优分裂结果的属性进行分裂。那么怎样才算是最优的分裂结果？最理想的情况当然是能找到一个属性刚好能够将不同类别分开，但是大多数情况下分裂很难一步到位，希望每一次分裂之后子节点的数据尽量"纯"，以图 5.5 和 5.6 为例。

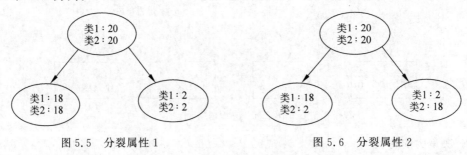

图 5.5 分裂属性 1　　　　　　　　图 5.6 分裂属性 2

从图 5.5 和图 5.6 可以明显看出，属性 2 分裂后的子节点比属性 1 分裂后的子节点更纯：属性 1 分裂后每个节点的两类的数量还是相同，与根节点的分类结果相比完全没有提高；按照属性 2 分裂后每个节点各类的数量相差比较大，可以大概率认为第 1 个子节点的输出结果为类 1，第 2 个子节点的输出结果为 2。

选择分裂属性是要找出能够使所有子节点数据最纯的属性，决策树使用信息增益或者信息增益率作为选择属性的依据。

1) 信息增益

用信息增益表示分裂前后的数据复杂度和分裂节点数据复杂度的变化值，计算公式为

$$\text{Info\_Gain} = \text{Gain} - \sum_{i=1}^{n} \text{Gain}_i$$

其中，Gain 表示节点的复杂度，Gain 越高，说明复杂度越高。简单来讲，信息增益就是分裂前的数据复杂度减去子节点的数据复杂度的和，信息增益越大，分裂后的复杂度减小得越多，分类的效果越明显。

节点的复杂度有以下两种不同的计算方式。

（1）熵描述了数据的混乱程度，熵越大，混乱程度越高，也就是纯度越低；反之，熵越小，混乱程度越低，纯度越高。熵的计算公式为

$$\text{Entropy} = -\sum_{i=1}^{n} P_i \log P_i$$

其中，P_i 表示类 i 的数量占比。以二分类问题为例，如果两类的数量相同，此时分类节点的

纯度最低,熵等于 1;如果节点的数据属于同一类时,此时节点的纯度最高,熵等于 0。

(2)基尼值的计算如下:

$$\text{Gini} = 1 - \sum_{i=1}^{n} p_i^2$$

其中,P_i 表示类 i 的数量占比。仍以上述熵的二分类例子为例,当两类数量相等时,基尼值等于 0.5;当节点数据属于同一类时,基尼值等于 0。基尼值越大,数据越不纯。

【例 5-6】 以熵作为节点复杂度的统计量,分别求出下面例子的信息增益。图 5.7 表示节点选择属性 1 进行分裂的结果,图 5.8 表示节点选择属性 2 进行分裂的结果,通过计算两个属性分裂后的信息增益,选择最优的分裂属性。

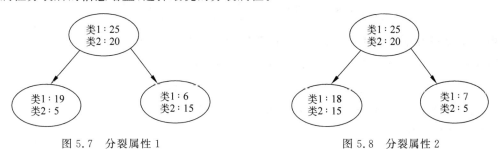

图 5.7　分裂属性 1　　　　　　　　　　图 5.8　分裂属性 2

解:图 5.7 所示的分裂属性 1 求解过程如下。

$$\text{Info1} = \text{entropy} - \sum_{i=1}^{n} \text{entropy}_i = \left(\frac{25}{25+20}\right)\log\left(\frac{25}{25+20}\right) + \left(\frac{20}{25+20}\right)\log\left(\frac{20}{25+20}\right)$$

$$\Rightarrow \text{entropy} - \left[\left(\frac{19}{19+5}\right)\log\left(\frac{19}{19+5}\right) + \left(\frac{5}{19+5}\right)\log\left(\frac{5}{19+5}\right)\right]$$

$$\Rightarrow \text{entropy}_1 - \left[\left(\frac{6}{15+6}\right)\log\left(\frac{6}{15+6}\right) + \left(\frac{15}{15+6}\right)\log\left(\frac{15}{15+6}\right)\right]$$

$$\Rightarrow \text{entropy}_2 = 0.423$$

图 5.8 所示的分裂属性 2 求解过程如下。

$$\text{Info2} = \text{entropy} - \sum_{i=1}^{n} \text{entropy}_i = \left(\frac{25}{25+20}\right)\log\left(\frac{25}{25+20}\right) + \left(\frac{20}{25+20}\right)\log\left(\frac{20}{25+20}\right)$$

$$\Rightarrow \text{entropy} - \left[\left(\frac{15}{15+18}\right)\log\left(\frac{15}{15+18}\right) + \left(\frac{18}{18+15}\right)\log\left(\frac{18}{18+15}\right)\right]$$

$$\Rightarrow \text{entropy}_1 - \left[\left(\frac{5}{5+7}\right)\log\left(\frac{5}{5+7}\right) + \left(\frac{7}{5+7}\right)\log\left(\frac{7}{5+7}\right)\right]$$

$$\Rightarrow \text{entropy}_2 = 0.6812$$

由于 Info2＞Info1,所以与属性 1 相比,属性 2 是更优的分裂属性,故选择属性 1 作为分裂的属性。

2) 信息增益率

使用信息增益作为选择分裂的条件有一个不可避免的缺点：倾向选择分支比较多的属性进行分裂。为了解决这个问题，引入了信息增益率这个概念。信息增益率是在信息增益的基础上除以分裂节点数据量的信息增益，其计算公式如下：

$$Info\_Ratio = \frac{Info\_Gain}{InstrinsicInfo}$$

其中，$Info\_Gain$ 表示信息增益，$InstrinsicInfo$ 表示分裂子节点数据量的信息增益。$InstrinsicInfo$ 的计算公式如下：

$$InstrinsicInfo = -\sum_{i=1}^{n} \frac{n_i}{N} \cdot \log\left(\frac{n_i}{N}\right)$$

其中，n 表示子节点的数量，n_i 表示第 i 个子节点的数据量，N 表示父节点数据量。也就是说，$InstrinsicInfo$ 是分裂节点的熵，如果节点的数据链越接近，$InstrinsicInfo$ 越大，如果子节点越大，$InstrinsicInfo$ 越大，而 $Info\_Ratio$ 就会越小，能够降低节点分裂时选择子节点多的分裂属性的倾向性。信息增益率越高，说明分裂的效果越好。

【例 5-7】 求解图 5.7 和图 5.8 的属性分裂后的信息增益率。

解：属性 1 的信息增益率计算如下。

$Info\_Gain_1 = 0.423$

$$InstrinsicInfo_1 = -\left[\left(\frac{24}{24+21}\right)\log\left(\frac{24}{24+21}\right) + \left(\frac{21}{24+21}\right)\log\left(\frac{21}{24+21}\right)\right] = 0.6909$$

$$Info\_Ratio_1 = \frac{Info\_Gain_1}{InstrinsicInfo_1} = 0.6122$$

属性 2 的信息增益率计算如下：

$Info\_Gain_2 = 0.6812$

$$InstrinsicInfo_2 = -\left[\left(\frac{33}{33+12}\right)\log\left(\frac{33}{33+12}\right) + \left(\frac{12}{33+12}\right)\log\left(\frac{12}{33+12}\right)\right] = 0.5799$$

$$Info\_Ratio_2 = \frac{Info\_Gain_2}{InstrinsicInfo_2} = 1.1747$$

2. 停止分裂的条件

决策树不可能不限制地生长，总有停止分裂的时候，最极端的情况是当节点分裂到只剩下一个数据点时自动结束分裂，但这种情况下树过于复杂，而且预测的精度不高。一般情况下，为了降低决策树的复杂度和提高预测的精度，会适当提前终止节点的分裂。

以下是决策树节点停止分裂的一般性条件。

（1）最小节点数。当节点的数据量小于一个指定的数量时，不继续分裂，主要有两个原因：一是数据量较少时，再做分裂容易强化噪声数据的作用；二是降低树生长的复杂性。

提前结束分裂一定程度上有利于降低过拟合的影响。

（2）熵或者基尼值小于阈值。熵和基尼值的大小表示数据的复杂程度，当熵或者基尼值过小时，表示数据的纯度比较大。如果熵或者基尼值小于一定程度，节点停止分裂。

（3）决策树的深度达到指定的条件。节点的深度可以理解为节点与决策树根节点的距离，如根节点的子节点的深度为1，因为这些节点与根节点的距离为1，子节点的深度要比父节点的深度大1。决策树的深度是所有叶节点的最大深度，当深度到达指定的上限大小时，停止分裂。

（4）所有特征已经使用完毕，不能继续进行分裂。被动式停止分裂的条件，当已经没有可分的属性时，直接将当前节点设置为叶节点。

5.2.3　决策树的剪枝

决策树剪枝的基本策略有"预剪枝"和"后剪枝"。

预剪枝是指在决策树生成过程中，对每个节点在划分前先进行估计，若当前节点的划分不能带来决策树泛化性能提升，则停止划分并将当前节点标记为叶节点。

后剪枝则是先从训练集上生成一棵完整的决策树，然后自底向上对非叶节点进行考察，若将该节点对应的子树替换为叶节点能带来决策树泛化性能提升，则将该子树替换为叶节点。

1. 预剪枝

预剪枝使得决策树的很多分支没有"展开"，这不仅降低了过拟合的风险，还显著减少了决策树的训练时间开销和测试时间开销。

但是，采用预剪枝决策，有些分支的当前划分虽不能提升泛化性能、甚至可能导致泛化性能暂时下降，但在其基础上进行的后续划分却又可能导致性能显著提高；预剪枝基于贪心算法，本质上禁止了这些分支展开，给预剪枝决策树带来了欠拟合的风险。

在树生成的过程中设定一定的准则来决定是否继续生长树，例如设定决策树的最大高度（层数）来限制树的生长，或设定每个节点必须包含的最少样本数，当节点中样本的个数小于某个数值时就停止分割；也可在构造树时，用信息增益等度量评估分割的优良性，如果在一个节点划分样本将导致低于预定阈值的分支，则停止进一步划分给定的子集。然而适当的阈值的选取是困难的，较高的阈值可能导致过分简化树，较低的阈值可能使得树的化简太少，需要根据专门应用领域的知识或经过多次测试评估确定阈值。

2. 后剪枝

后剪枝决策树通常比预剪枝决策树保留了更多的分支。一般情形下，后剪枝决策树的欠拟合风险很小，泛化性能往往优于预剪枝决策树。

后剪枝过程是在生成完全决策树之后进行的，并且要自底向上对树中的所有非叶节点进行逐一考察，因此其训练时间开销比未剪枝决策树和预剪枝决策树都要大得多。

先允许树尽量生长,然后通过删除节点的分支剪除树的节点,把树修剪到较小的尺寸。当然在修剪的同时要求尽量保持决策树的准确度不要下降太多。后剪枝方法所需的计算比预剪枝方法多,但通常产生更可靠的树。

5.2.4　决策树的算法实现

1. ID3 算法

ID3 算法只能处理定性变量,而且一个变量用过之后就不再使用了。

首先定义一个节点在选择了一个定性变量 X 之后,根据其取值产生若干子节点之后的信息增益(information gain)。用 T 表示母节点 t 处的数据样本,记该母节点的样本量为 T,熵为 I,而其各个子节点的样本及样本量分别为 X 及 $T_1, T_2, \cdots, T_n$。如果母节点的熵为 $I(T)$,而根据变量 X 所得到的各子节点的熵为 $I(X, T_1), I(X, T_2), \cdots, I(X, T_n)$,那么定义

$$I(X, Y) = \sum_{i=1}^{n} \frac{|T_i|}{|T|} I(X, T)$$

在该节点对变量 X 的信息增益定义为

$$\text{Gain}(X, T) = I(T) - I(X, I)$$

显然,源于变量 X 的信息增益代表了识别 T 中元素所需信息和在得到 X 之后识别 T 中元素所需信息的差。根据信息增益在每个节点对变量进行排序,并选择信息增益最大的变量在该节点继续构造树。这样做的意图在于产生最小可能的树或者要使树增长最快。

图 5.9 是 ID3 算法的一个形式代码。

```
function ID3 (R: 尚未用过的变量集, T: 在该节点训练数据集)
        If T 为空集, 返回失败信息;
        If T 包含所有同样的分类变量的值, 返回一个具有该值的单独节点;
        If R 为空, 那么返回一个具有最大频率的当前变量的值;
        Let D∈R 具有最大 Gain(D, T) 的变量;
        Let {d_j | j=1,2,…,m} 为 D 的值;
        Let {S_j | j=1,2,…,m} 相应于 D 的值的 T 的子集;
Return 以 D 为标签的节点及标为 d_1,d_2,…,d_m 的树枝;
end ID3;
```

注: 这时 ID3 的函数和参数为 ID3($R-\{D\}$, T_1), ID3($R-\{D\}$, T_2), $\cdots$, ID3($R-\{D\}$, T_m)。

图 5.9　ID3 算法形式代码

2. C4.5 算法

C4.5 算法与 ID3 算法决策树的生成过程相似,C4.5 算法对 ID3 算法进行了改进,用信息增益率(比)选择特征。改进主要是针对样本特征。

（1）基本决策树要求特征 A 取值为离散值，如果 A 是连续值，假如 A 有 v 个取值，则对特征 A 的测试可以看成是对 $v-1$ 个可能条件的测试。其实可以把这个过程看成是离散化的过程，只不过这种离散的值间隙会相对小一点。当然也可以采用其他方法，如将连续值按段进行划分，然后设置亚变量。

（2）特征 A 的每个取值都会产生一个分支，有时会导致划分出的子集样本量过小，统计特征不充分而停止继续分支，这样在强制标记类别的时候也会带来局部的错误。针对这种情况可以采用 A 的一组取值作为分支条件；或者采用二元决策树，每一个分支代表一个特征取值的情况（只有是否两种取值）。

（3）某些样本在特征 A 上值缺失，针对这种空值的情况，可以采用很多方法，比如用其他样本中特征 A 出现最多的值来填补空缺。在某些领域的数据中可以采用样本内部的平滑来补值，当样本量很大的时候也可以丢弃这些有缺失值的样本。

（4）随着数据集的不断减小，子集的样本量会越来越小，所构造出的决策树就可能出现碎片、重复、复制等，这时可以利用样本的原有特征构造新的特征进行建模。

（5）信息增益法会倾向于选择取值比较多的特征（这是信息熵的定义决定了的），针对这一问题，人们提出了增益比率法（gain ratio），将每个特征取值的概率考虑在内，及基尼索引法、G 统计法等。

3. CART 算法

CART 算法既可以做分类，也可以做回归，只能形成二叉树。CART 算法的分支条件是二分类问题。

对于连续特征的情况，CART 算法的分支方法是比较阈值，高于某个阈值就属于某一类，低于某个阈值属于另一类。对于离散特征，分支方法是抽取子特征，如颜值这个特征，有帅、丑、中等三个水平，可以先分为帅和不帅的，不帅的里面再分成丑和中等的。

CART 算法的得分函数对于分类树取的是分类最多的那个结果（也即众数），对于回归树取的是均值。

CART 算法的损失函数就是分类的准则，也就是求最优化的准则。对于分类树（目标变量为离散变量），损失函数是同一层所有分支假设函数的基尼系数的平均。对于回归树（目标变量为连续变量），损失函数是同一层所有分支假设函数的平方差损失。

对于分类树（目标变量为离散变量），使用基尼系数作为分裂规则。比较分裂前的 Gini 和分裂后的 Gini 减少多少，减少得越多，则选取该分裂规则。对于回归树（目标变量为连续变量），使用最小方差作为分裂规则，只能生成二叉树。

1）CART 分类树算法对于连续特征和离散特征处理的改进

对于 CART 分类树连续值的处理问题，其思想和 C4.5 算法相同，都是将连续的特征离散化。唯一的区别在于在选择划分点时的度量方式不同，C4.5 使用的是信息增益比，则 CART 分类树使用的是基尼系数。

　　具体的思路如下，比如 m 个样本的连续特征 A 有 m 个，从小到大排列为 $a_1,a_2,\cdots,$ a_m，则 CART 算法取相邻两样本值的平均数，一共取得 $m-1$ 个划分点，其中第 i 个划分点表示为 $T_i=\dfrac{a_i+a_{i+1}}{2}$。对于这 $m-1$ 个点，分别计算以该点作为二元分类点时的基尼系数。选择基尼系数最小的点作为该连续特征的二元离散分类点。需要注意的是，与 ID3 或者 C4.5 处理离散属性不同的是，如果当前节点为连续属性，则该属性后面还可以参与子节点的产生选择过程。

　　对于 CART 分类树离散值的处理问题，采用的思路是不停地进行二分离散特征。

　　对于 ID3 或者 C4.5，如果某个特征 A 被选取建立决策树节点，如果它有 A1、A2、A3 三种类别，我们会在决策树上建立一个三叉的节点，这样导致决策树是多叉树。但是 CART 分类树使用的方法不同，它采用的是不停地二分。对于 m 个样本的特征，CART 分类树会考虑把 A 分成 $\{A_1\}$ 和 $\{A_2,A_3\}$、$\{A_2\}$ 和 $\{A_1,A_3\}$、$\{A_3\}$ 和 $\{A_1,A_2\}$ 三种情况，找到基尼系数最小的组合，比如 $\{A_2\}$ 和 $\{A_1,A_3\}$。然后建立二叉树节点，一个节点是 A_2 对应的样本，另一个节点是 $\{A_1,A_3\}$ 对应的节点。同时，由于这次没有把特征 A 的取值完全分开，后面还有机会在子节点继续选择到特征 A 划分 A_1 和 A_3。这和 ID3 或者 C4.5 不同，在 ID3 或者 C4.5 的一棵子树中，离散特征只会参与一次节点的建立。

　　2) CART 分类树建立算法的具体流程

　　上面介绍了 CART 算法和 C4.5 的一些不同之处，下面介绍 CART 分类树建立算法的具体流程，之所以加上了建立，是因为 CART 树算法还有独立的剪枝算法。

　　算法的输入包括训练集 D、基尼系数的阈值和样本个数阈值。算法输出是决策树 T。

　　算法从根节点开始，用训练集递归地建立 CART 树。

　　(1) 对于当前节点的数据集为 D，如果样本个数小于阈值或者没有特征，则返回决策子树，当前节点停止递归。

　　(2) 计算样本集 D 的基尼系数，如果基尼系数小于阈值，则返回决策树子树，当前节点停止递归。

　　(3) 计算当前节点现有的各个特征值对数据集 D 的基尼系数，对于离散值和连续值的处理方法和基尼系数的计算见 5.2.2 节。缺失值的处理方法和 C4.5 算法中描述的相同。

　　(4) 在计算出来的各个特征值对数据集 D 的基尼系数中，选择基尼系数最小的特征 A 和对应的特征值 a。根据这个最优特征和最优特征值，把数据集划分成 D_1 和 D_2 两部分，同时建立当前节点的左右节点，左节点的数据集为 D_1，右节点的数据集为 D_2（由于是二叉树，故这里的 D_1 和 D_2 有集合关系，$D_2=D-D_1$）。

　　(5) 对左右子节点的递归调用(1)~(4)步骤，生成决策树。

3）CART 回归树建立算法

CART 回归树和 CART 分类树的建立算法大部分是类似的，所以这里只讨论 CART 回归树和 CART 分类树的建立算法不同的地方。

首先，回归树和分类树的区别在于样本输出，如果样本输出是离散值，那么这是一棵分类树；如果果样本输出是连续值，那么这是一棵回归树。

除了概念的不同，CART 回归树和 CART 分类树的建立和预测的区别主要有两点。

（1）连续值的处理方法不同。

（2）决策树建立后做预测的方式不同。

对于连续值的处理，CART 分类树采用基尼系数的大小度量特征的各个划分点的优劣情况。这比较适合分类模型，但是对于回归模型，可以使用常见的和方差的度量方式，CART 回归树的度量目标是，对于任意划分特征 A，对应的任意划分点 s 两边划分的数据集 D_1 和 D_2，求出使 D_1 和 D_2 各自集合的均方差最小，同时 D_1 和 D_2 的均方差之和最小所对应的特征和特征值划分点。表达式为

$$\min_{A,s}\Big[\min_{c_1}\sum_{x_i\in D_1(A,s)}(y_i-c_1)^2+\min_{c_2}\sum_{x_i\in D_2(A,s)}(y_i-c_2)^2\Big]$$

其中，c_1 为 D_1 数据集的样本输出均值；c_2 为 D_2 数据集的样本输出均值。

对于决策树建立后做预测的方式，上面讲到了 CART 分类树采用叶节点中概率最大的类别作为当前节点的预测类别。而回归树输出不是类别，它采用的是用最终叶节点的均值或者中位数预测输出结果。

4）CART 树算法的剪枝

CART 回归树和 CART 分类树的剪枝策略除了在度量损失的时候一个使用均方差，一个使用基尼系数，算法基本完全一样。

由于决策时算法很容易对训练集过拟合，而导致泛化能力差，为了解决这个问题，需要对 CART 树进行剪枝，即类似于线性回归的正则化，来增加决策树的泛化能力。但是，有很多的剪枝方法，应该怎么选择呢？CART 采用的办法是后剪枝法，即先生成决策树，然后产生所有可能的剪枝后的 CART 树，然后使用交叉验证来检验各种剪枝的效果，选择泛化能力最好的剪枝策略。

也就是说，CART 树的剪枝算法可以概括为两步，第一步是从原始决策树生成各种剪枝效果的决策树，第二步是用交叉验证来检验剪枝后的预测能力，选择泛化预测能力最好的剪枝后的数作为最终的 CART 树。

首先看剪枝的损失函数度量，在剪枝的过程中，对于任意的一刻子树 T，其损失函数为

$$C_\alpha(T_t)=C(T_t)+\alpha\,|\,T_t\,|$$

其中，α 为正则化参数，这和线性回归的正则化一样。$C(T_t)$ 为训练数据的预测误差，分类树是用基尼系数度量，回归树是用均方差度量。$|\,T_t\,|$ 是子树 T 的叶子节点的数量。

当 $\alpha=0$ 时，即没有正则化，原始生成的 CART 树即为最优子树。当 $\alpha=\infty$ 时，即正则化强度达到最大，此时由原始生成的 CART 树的根节点组成的单节点树为最优子树。当然，这是两种极端情况。一般来说，α 越大，则剪枝越厉害，生成的最优子树相比原生决策树就越偏小。对于固定的 α，一定存在使损失函数 $C_\alpha(T)$ 最小的唯一子树。

了解了剪枝的损失函数度量后，再看剪枝的思路，对于位于节点 t 的任意一棵子树 T_t，如果没有剪枝，它的损失是：

$$C_\alpha(T_t)=C(T_t)+\alpha\mid T_t\mid$$

如果将其剪掉，仅仅保留根节点，则损失是：

$$C_\alpha(T)=C(T)+\alpha$$

当 $\alpha=0$ 或者 α 很小时：

$$C_\alpha(T_t)<C_\alpha(T)$$

当 α 增大到一定的程度时：

$$C_\alpha(T_t)=C_\alpha(T)$$

当 α 继续增大时，不等式反向，也就是说，如果满足：

$$\alpha=\frac{C(T)-C(T_t)}{\mid T_t\mid-1}$$

T_t 和 T 有相同的损失函数，但是 T 节点更少，因此可以对子树 T_t 进行剪枝，也就是将它的子节点全部剪掉，变为一个叶节点 T。

最后看 CART 树的交叉验证策略。通过上述步骤可以计算出每个子树是否剪枝的阈值 α，如果把所有的节点是否剪枝的值 α 都计算出来，然后分别针对不同的 α 所对应的剪枝后的最优子树做交叉验证。这样就可以选择一个最好的 α，有了这个 α，就可以用对应的最优子树作为最终结果。

5）CART 树的剪枝算法

输入是 CART 树建立算法得到的原始决策树 T，输出是最优决策子树 T_α。

算法过程如下。

（1）初始化 $\alpha_{\min}=\infty$，最优子树集合 $\omega=\{T\}$。

（2）从叶节点开始自下而上计算各内部节点 t 的训练误差损失函数 $C_\alpha(T_t)$（回归树为均方差，分类树为基尼系数），叶节点数 $\mid T_t\mid$，以及正则化阈值：

$$\alpha=\min\left\{\frac{C(T)-C(T_t)}{\mid T_t\mid-1},\alpha_{\min}\right\}$$

更新 $\alpha_{\min}=\alpha$。

（3）得到所有节点的 α 值的集合 M。

（4）从 M 中选择最大的值 α_k，自上而下的访问子树 t 的内部节点，如果

$$\frac{C(T)-C(T_t)}{|T_t|-1} \leqslant \alpha_k$$

时,进行剪枝,并决定叶节点 t 的值。如果是分类树,则是概率最高的类别;如果是回归树,则是所有样本输出的均值。这样得到 α_k 对应的最优子树 T_k。

(5) 最优子树集合 $\omega = \omega \bigcup T_k, M = M - \{\alpha_k\}$。

(6) 如果 M 不为空,则回到步骤(4);否则就得到了所有的可选最优子树集合 ω。

(7) 采用交叉验证在 ω 选择最优子树 T_α。

4. 决策树生成算法的步骤

输入为训练数据集 S 和属性集合(包含类标号属性);输出为决策树 T,具体步骤如下。

(1) 建立节点 R。

(2) 如果样本集 S 中所有的数据样本在同一个类 C 中,则 r 为叶节点,以类 C 作为该叶节点标号。

(3) 如果没有剩余属性,则 R 为叶节点,以样本中的多数所在类标号标记 R。

(4) 计算每个属性 A 的属性选择度量(信息增益或基尼系数等),确定分割属性 At。

(5) 将属性 Aa 作为节点 R 的分割属性。

(6) 对于每次分割中的属性值 a_1,用不同的方法处理属性值为离散或连续的情况,这里给出离散时的方法,连续的情况后面将会提到。

(7) 由节点 R 分割一个条件为 $St = a_1$ 的分支。

(8) 设 S_1 是样本集 S 中 $Salt = a_1$ 的样本子集。

(9) 如果样本集 S 为空,则增加一个叶节点,将其标记为样本集 S 中最多的类;否则增加一个由语句 building_tree(S,去除分割属性 Salt 的属性集)返回的节点。

5.2.5　决策树的相关应用与 MATLAB 算例

1. 应用实例 1——基于信息的心理活动判断

决策树算法是基于信息增益来构建的,信息增益可以由训练集的信息熵算得。

【例 5-8】 data=[心情好　　天气好　　出门
　　　　　　　心情好　　天气不好　出门
　　　　　　　心情不好　天气好　　出门
　　　　　　　心情不好　天气不好　不出门]

求其信息增益。

解:前面两列是分类属性,最后一列是分类,分类的信息熵可以计算得到:

$$出门 = 3, \quad 不出门 = 1, \quad 总行数 = 4$$

$$分类信息熵 = -(3/4)\log2(3/4) - (1/4)\log2(1/4)$$

第一列属性有两类:心情好、心情不好。

心情好,出门＝2, 不出门＝0, 行数＝2

心情好信息熵＝－(2/2)log2(2/2)＋(0/2)log2(0/2)

同理,

心情不好信息熵＝－(1/2)log2(1/2)－(1/2)log2(1/2)

心情的信息增益＝分类信息熵－心情好的概率×心情好的信息熵－

心情不好的概率×心情不好的信息熵。

由此可以得到每个属性对应的信息熵,信息熵最大的即为最优划分属性。

【例 5-9】 基于例 5-4,加入最优划分属性为心情,如图 5.10 所示,求其决策树。

解: 区分在心情属性的每个具体情况下的分类是否全部为同一种,若为同一种则该节点标记为此类别,在心情好的情况下,不管什么天气结果都是出门,如图 5.11 所示。

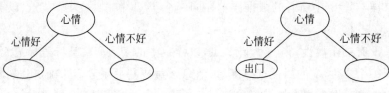

图 5.10　最优属性划分　　　　　图 5.11　最优属性划分结果

心情不好的情况下有不同的分类结果,继续计算在心情不好的情况下其他属性的信息增益,把信息增益最大的属性作为分支节点。这里只有天气这个属性,那么这个节点就是天气,天气属性有两种情况,如图 5.12 所示。

在心情不好并且天气好的情况下,若分类全为同一种,则改节点标记为此类别。心情不好并且天气好为出门,心情不好并且天气不好为不出门,结果如图 5.13 所示。

图 5.12　最优属性划分-天气　　　　　图 5.13　最优属性划分-天气结果

【例 5-10】 对于分支节点下的属性很有可能没有数据,假设训练集变成

data＝[心情好　　晴天　　出门

心情好　　阴天　　出门

心情好　　雨天　　出门

心情好　　雾天　　出门

心情不好　晴天　　出门

心情不好　雨天　不出门

心情不好　阴天　不出门]

求其决策树。

解：心情不好的情况下，天气中并没有雾天，如何判断雾天到底是否出门呢？可以采用该样本最多的分类作为分类，在天气不好的情况下，出门=1，不出门=2，那么将不出门作为雾天的分类结果，如图 5.14 所示。

图 5.14　最优属性划分结果

至此，完成了所有属性的划分，结束递归，得到了一棵非常简单的决策树。其 MATLAB 代码实现如下：

```
function[node] = createTree(data,feature)
    type = mostType(data);
    [m,n] = size(data);
    node = struct('value','null','name','null','type','null','children',[]);
    temp_type = data(1,n);
    temp_b = true;
    for i = 1:m
        if temp_type!= data(i,n)
            temp_b = false;
        end
    end
    if temp_b == true
        node.value = data(1,n);
        return;
    end
    if sum(feature) == 0
        node.value = type;
        return;
    end
    feature_bestColumn = bestFeature(data);
    best_feature = getData()(:,feature_bestColumn);
    best_distinct = unique(best_feature);
    best_num = length(best_distinct);
    best_proc = zeros(best_num,2);
    best_proc(:,1) = best_distinct(:,1);
    for i = 1:best_num
        Dv = [];
```

```
                Dv_index = 1;
                bach_node = struct('value','null','name','null','type','null','children',[]);
                for j = 1:m
                    if best_proc(i,1) == data(j,feature_bestColumn)
                        Dv(Dv_index,:) = data(j,:);
                        Dv_index = Dv_index + 1;
                    end
                end
                if length(Dv) == 0
                    bach_node.value = type;
                    bach_node.type = best_proc(i,1);
                    bach_node.name = feature_bestColumn;
                    node.children(i) = bach_node;
                    return;
                else
                    feature(feature_bestColumn) = 0;
                    bach_node = createTree(Dv,feature);
                    bach_node.type = best_proc(i,1);
                    bach_node.name = feature_bestColumn;
                    node.children(i) = bach_node;
                end
            end
    end
end
function [column] = bestFeature(data)
    [m,n] = size(data);
    featureSize = n - 1;
    gain_proc = zeros(featureSize,2);
    entropy = getEntropy(data);
    for i = 1:featureSize
        gain_proc(i,1) = i;
        gain_proc(i,2) = getGain(entropy,data,i);
    end
    for i = 1:featureSize
        if gain_proc(i,2) == max(gain_proc(:,2))
            column = i;
            break;
        end
    end
end
function [res] = mostType(data)
    [m,n] = size(data);
    res_distinct = unique(data(:,n));
    res_proc = zeros(length(res_distinct),2);
    res_proc(:,1) = res_distinct(:,1);
    for i = 1:length(res_distinct)
        for j = 1:m
            if res_proc(i,1) == data(j,n)
                res_proc(i,2) = res_proc(i,2) + 1;
            end
        end
```

```matlab
            end
    for i = 1:length(res_distinct)
        if res_proc(i,2) == max(res_proc(:,2))
            res = res_proc(i,1);
            break;
        end
    end
end
function [entropy] = getEntropy(data)
    entropy = 0;
    [m,n] = size(data);
    label = data(:,n);
    label_distinct = unique(label);
    label_num = length(label_distinct);
    proc = zeros(label_num,2);
    proc(:,1) = label_distinct(:,1);
    for i = 1:label_num
        for j = 1:m
            if proc(i,1) == data(j,n)
                proc(i,2) = proc(i,2) + 1;
            end
        end
        proc(i,2) = proc(i,2)/m;
    end
    for i = 1:label_num
        entropy = entropy - proc(i,2) * log2(proc(i,2));
    end
end
function [gain] = getGain(entropy,data,column)
    [m,n] = size(data);
    feature = data(:,column);
    feature_distinct = unique(feature);
    feature_num = length(feature_distinct);
    feature_proc = zeros(feature_num,2);
    feature_proc(:,1) = feature_distinct(:,1);
    f_entropy = 0;
    for i = 1:feature_num
        feature_data = [];
        feature_proc(:,2) = 0;
        feature_row = 1;
        for j = 1:m
            if feature_proc(i,1) == data(j,column)
                feature_proc(i,2) = feature_proc(i,2) + 1;
            end
            if feature_distinct(i,1) == data(j,column)
                feature_data(feature_row,:) = data(j,:);
                feature_row = feature_row + 1;
            end
        end
        f_entropy = f_entropy + feature_proc(i,2)/m * getEntropy(feature_data);
```

```
end
gain = entropy - f_entropy;
```

2. 应用实例2——汽车特征评估质量

【例5-11】 给出数据集包括汽车的购买价位、维修成本、车门数量、载客数量、动力性能和安全性能等,对汽车进行分类,确定一辆汽车的质量,其中汽车质量分为4种类型:不达标、达标、良好和优秀。数据集形式如图5.15所示,其中的每个值都可以看作字符串。

解: 考虑数据集中的6个属性,其取值范围如下。

(1) 购买价位:取值范围是 vhigh、high、med、low,分别代表很高、高、中等、低。

(2) 维修成本:取值范围是 vhigh、high、med、low,分别代表很高、高、中等、低。

```
med,low,5more,more,big,low,unacc
med,low,5more,more,big,med,good
med,low,5more,more,big,high,vgood
low,vhigh,2,2,small,low,unacc
low,vhigh,2,2,small,med,unacc
low,vhigh,2,2,small,high,unacc
low,vhigh,2,2,med,low,unacc
```

图5.15 数据集形式

(3) 车门数量:取值范围是 2、3、4、5、5more 等。

(4) 载客数量:取值范围是 2、4、more 等。

(5) 动力性能:取值范围是 small、med、big,分别代表小、中、大。

(6) 安全性能:取值范围是 low、med、high,分别代表低、中、高。

分类的结果,即汽车的质量取值范围是 unacc、acc、good、vgood,分别代表不达标、达标、良好、优秀。

考虑到每一行都具有字符串属性,需要假设所有的特征均是字符串,并在此基础上建立分类器。

首先将数据集中的所有字符串变为数字,方便后面的分类。由于下载的数据集为.data格式,MATLAB无法直接读取,已经转换为.xlsx格式,并且将 vhigh、high、med、low 分别替换为4、3、2、1,将 small、med、big 替换为1、2、3,将 low、med、high 替换为1、2、3,将 unacc、acc、good、vgood 替换为1、2、3、4。

数据中共有1728组,随机从中取出1500组作为训练集,剩下的228组作为测试集。使用训练集建立决策树,然后使用模型进行预测。分别根据决策树的结果计算出决策树中对车辆各种情况预测的准确率以及全部测试集预测的准确率,然后对决策树进行修剪。

分类的MATLAB代码实现如下:

```
clear all;
clc;
close all;
%% 导入数据
load car;
a = randperm(1728);
%训练集
Train_Data = data(a(1:1500),1:6);
Train_Label = data(a(1:1500),7);
%测试集
```

```
Test_Data = data(a(1501:1728),1:6);
Test_Label = data(a(1501:1728),7);
%% 创建决策树分类器
Tree = ClassificationTree.fit(Train_Data,Train_Label);
%% 查看决策树视图
view(Tree);
view(Tree,'mode','graph');
%% 预测分类
Tree_pre = predict(Tree,Test_Data);
%% 结果分析
count_train_1 = length(find(Train_Label == 1));      % 训练集中车辆质量不达标个数
count_train_2 = length(find(Train_Label == 2));      % 训练集中车辆质量达标个数
count_train_3 = length(find(Train_Label == 3));      % 训练集中车辆质量良好个数
count_train_4 = length(find(Train_Label == 4));      % 训练集中车辆质量优秀个数
rate_train_1 = count_train_1 / 1500;                 % 训练集中车辆质量不达标占的比例
rate_train_2 = count_train_2 / 1500;                 % 训练集中车辆质量达标占的比例
rate_train_3 = count_train_3 / 1500;                 % 训练集中车辆质量良好占的比例
rate_train_4 = count_train_4 / 1500;                 % 训练集中车辆质量优秀占的比例
total_1 = length(find(data(:,7) == 1));              % 总数据中车辆质量不达标个数
total_2 = length(find(data(:,7) == 2));              % 总数据中车辆质量达标个数
total_3 = length(find(data(:,7) == 3));              % 总数据中车辆质量良好个数
total_4 = length(find(data(:,7) == 4));              % 总数据中车辆质量优秀个数
count_test_1 = length(find(Test_Label == 1));        % 测试集中车辆质量不达标个数
count_test_2 = length(find(Test_Label == 2));        % 测试集中车辆质量达标个数
count_test_3 = length(find(Test_Label == 3));        % 测试集中车辆质量良好个数
count_test_4 = length(find(Test_Label == 4));        % 测试集中车辆质量优秀个数
count_right_1 = length(find(Tree_pre == 1 & Test_Label == 1));
                                      % 测试集中预测车辆质量不达标正确的个数
count_right_2 = length(find(Tree_pre == 2 & Test_Label == 2));
                                      % 测试集中预测车辆质量达标正确的个数
count_right_3 = length(find(Tree_pre == 3 & Test_Label == 3));
                                      % 测试集中预测车辆质量良好正确的个数
count_right_4 = length(find(Tree_pre == 4 & Test_Label == 4));
                                      % 测试集中预测车辆质量优秀正确的个数
rate_right = (count_right_1 + count_right_2 + count_right_3 + count_right_4)/228;
%% 显示部分结果
disp(['车辆总数:1728'...
      '不达标:'num2str(total_1)...
      '达标:'num2str(total_2)...
      '良好:'num2str(total_3)...
      '优秀:'num2str(total_4)]);
disp(['训练集车辆数:1500'...
      '不达标:'num2str(count_train_1)...
      '达标:'num2str(count_train_2)...
      '良好:'num2str(count_train_3)...
      '优秀:'num2str(count_train_4)]);
disp(['测试集车辆数:228'...
```

```
            '不达标:'num2str(count_test_1)...
            '达标:'num2str(count_test_2)...
            '良好:'num2str(count_test_3)...
            '优秀:'num2str(count_test_4)]);
     disp(['决策树判断结果:'...
            '不达标正确率:'sprintf('%2.2f%%', count_right_1/count_test_1 * 100)...
            '达标正确率:'sprintf('%2.2f%%', count_right_2/count_test_2 * 100)...
            '良好正确率:'sprintf('%2.2f%%', count_right_3/count_test_3 * 100)...
            '优秀正确率:'sprintf('%2.2f%%', count_right_4/count_test_4 * 100)]);
     disp(['总正确率:'...
            sprintf('%2.2f%%', rate_right * 100)]);
     %% 优化前决策树的重采样误差和交叉验证误差
     resubDefault = resubLoss(Tree);
     lossDefault = kfoldLoss(crossval(Tree));
     disp(['剪枝前决策树的重采样误差:'...
            num2str(resubDefault)]);
     disp(['剪枝前决策树的交叉验证误差:'...
            num2str(lossDefault)]);
     %% 剪枝
     [~,~,~,bestlevel] = cvLoss(Tree,'subtrees','all','treesize','min');
     cptree = prune(Tree,'Level',bestlevel);
     view(cptree,'mode','graph')
     %% 剪枝后决策树的重采样误差和交叉验证误差
     resubPrune = resubLoss(cptree);
     lossPrune = kfoldLoss(crossval(cptree));
     disp(['剪枝后决策树的重采样误差:'...
            num2str(resubPrune)]);
     disp(['剪枝后决策树的交叉验证误差:'...
            num2str(resubPrune)]);
```

分类结果如下。

(1) 车辆总数为 1728,不达标:1210,达标:384,良好:69,优秀:65。

(2) 训练集车辆数为 1500,不达标:1046,达标:338,良好:56,优秀:60。

(3) 测试集车辆数为 228,不达标:164,达标:46,良好:13,优秀:5。

决策树判断结果如下。

(1) 不达标正确率为 97.56%;达标正确率 95.65%;良好正确率为 84.62%;优秀正确率为 100.00%;总正确率为 96.49%。

(2) 剪枝前决策树的重采样误差为 0.026。

(3) 剪枝前决策树的交叉验证误差为 0.048667。

(4) 剪枝后决策树的重采样误差为 0.026667。

(5) 剪枝后决策树的交叉验证误差为 0.026667。

MATLAB 代码实现结果如图 5.16 所示。

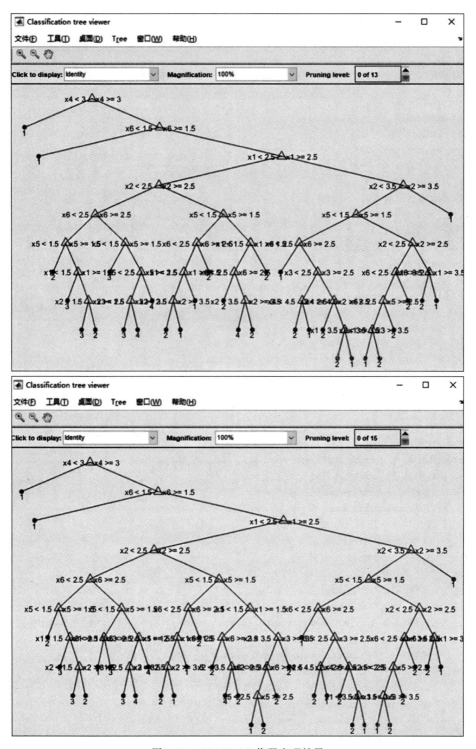

图 5.16 MATLAB 代码实现结果

3. 应用实例3——恶性乳腺肿瘤判断

具体 MATLAB 代码实现如下：

```matlab
clear; all;
clc;
warning off
load data.mat
a = randperm(569);
Train = data(a(1:500),:);
Test = data(a(501:end),:);
P_train = Train(:,3:end);
T_train = Train(:,2);
P_test = Test(:,3:end);
T_test = Test(:,2);
ctree = ClassificationTree.fit(P_train,T_train);
view(ctree);
view(ctree,'mode','graph');
T_sim = predict(ctree,P_test);
count_B = length(find(T_train == 1));
count_M = length(find(T_train == 2));
rate_B = count_B / 500;
rate_M = count_M / 500;
total_B = length(find(data(:,2) == 1));
total_M = length(find(data(:,2) == 2));
number_B = length(find(T_test == 1));
number_M = length(find(T_test == 2));
number_B_sim = length(find(T_sim == 1 & T_test == 1));
number_M_sim = length(find(T_sim == 2 & T_test == 2));
disp(['病例总数:' num2str(569)...
      '良性:' num2str(total_B)...
      '恶性:' num2str(total_M)]);
disp(['训练集病例总数:' num2str(500)...
      '良性:' num2str(count_B)...
      '恶性:' num2str(count_M)]);
disp(['测试集病例总数:' num2str(69)...
      '良性:' num2str(number_B)...
      '恶性:' num2str(number_M)]);
disp(['良性乳腺肿瘤确诊:' num2str(number_B_sim)...
      '误诊:' num2str(number_B - number_B_sim)...
      '确诊率 p1 = ' num2str(number_B_sim/number_B * 100) '%']);
disp(['恶性乳腺肿瘤确诊:' num2str(number_M_sim)...
      '误诊:' num2str(number_M - number_M_sim)...
      '确诊率 p2 = ' num2str(number_M_sim/number_M * 100) '%']);
[~,~,~,bestlevel] = cvLoss(ctree,'subtrees','all','treesize','min')
cptree = prune(ctree,'Level',bestlevel);
view(cptree,'mode','graph')
```

MATLAB代码实现结果如图5.17所示。

命令行窗口

病例总数: 569　良性: 357　恶性: 212
训练集病例总数: 500　良性: 310　恶性: 190
测试集病例总数: 69　良性: 47　恶性: 22
良性乳腺肿瘤确诊: 44　误诊: 3　确诊率p1=93.617%
恶性乳腺肿瘤确诊: 20　误诊: 2　确诊率p2=90.9091%

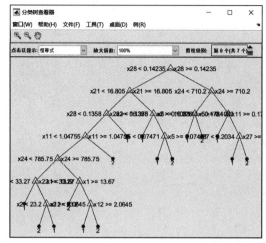
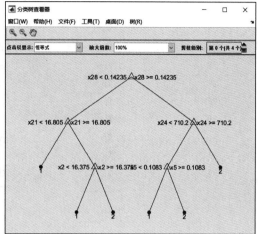

图5.17　MATLAB代码实现结果

4. 应用实例4——商店销量与天气的关系

【例5-12】　构建如下数据集的决策树模型。

序号	天气	是否周末	是否有促销	销量
1	坏	是	是	高
2	坏	是	是	高
3	坏	是	是	高
4	坏	否	是	高
5	坏	是	是	高
6	坏	否	是	高
7	坏	是	否	高
8	好	是	是	高
9	好	是	否	高
10	好	是	是	高
11	好	是	是	高
12	好	是	是	高
13	好	是	是	高
14	坏	是	是	低
15	好	否	是	高

16	好	否	是	高
17	好	否	是	高
18	好	否	是	高
19	好	否	否	高
20	坏	否	否	低
21	坏	否	是	低
22	坏	否	是	低
23	坏	否	是	低
24	坏	否	否	低
25	坏	是	否	低
26	好	否	是	低
27	好	否	是	低
28	坏	否	否	低
29	坏	否	否	低
30	好	否	否	低
31	坏	是	否	低
32	好	否	是	低
33	好	否	否	低
34	好	否	否	低

解：采用 ID3 算法构建决策树模型的具体步骤如下。

(1) 计算总的信息熵，其中数据中总记录数为 34，而销售数量为"高"的数据有 18，"低"的数据有 16。

$$I(18,16) = -\frac{18}{34}\log_2\frac{18}{34} - \frac{16}{34}\log_2\frac{16}{34} = 0.997503$$

(2) 根据

$$I(s_1,s_2,\cdots,s_m) = -\sum_{i=1}^{m}P_i\log_2(P_i)，\quad E(A) = \sum_{j-1}^{k}\frac{s_{1j}+s_{2j}+\cdots+s_{mj}}{s}I(s_{1j},s_{2j},\cdots,s_{mj})$$

计算每个测试属性的信息熵。对于天气属性，其属性值有"好"和"坏"两种。其中天气为"好"的条件下，销售数量为"高"的记录为 11，销售数量为"低"的记录为 6，可表示为(11,6)；天气为"坏"的条件下，销售数量为"高"的记录为 7，销售数量为"低"的记录为 10，可表示为(7,10)。则天气属性的信息熵计算过程如下：

$$I(11,6) = -\frac{11}{17}\log_2\frac{11}{17} - \frac{6}{17}\log_2\frac{6}{17} = 0.936667$$

$$I(7,10) = -\frac{7}{17}\log_2\frac{7}{17} - \frac{10}{17}\log_2\frac{10}{17} = 0.977418$$

$$E(天气) = \frac{17}{34}I(11,6) + \frac{17}{34}I(7,10) = 0.957403$$

对于是否周末属性,其属性值有"是"和"否"两种。其中是否周末属性为"是"的条件下,销售数量为"高"的记录为11,销售数量为"低"的记录为3,可表示为(11,3);周末属性为"否"的条件下,销售数量为"高"的记录为7,销售数量为"低"的记录为13,可表示为(7,13)。则节假日属性的信息熵计算过程如下:

$$I(11,3) = -\frac{11}{14}\log_2\frac{11}{14} - \frac{3}{14}\log_2\frac{3}{14} = 0.749595$$

$$I(7,13) = -\frac{7}{20}\log_2\frac{7}{20} - \frac{13}{20}\log_2\frac{13}{20} = 0.934068$$

$$E(是否周末) = \frac{14}{34}I(11,3) + \frac{20}{34}I(7,13) = 0.858109$$

对于是否有促销属性,其属性值有"是"和"否"两种。其中是否有促销属性为"是"的条件下,销售数量为"高"的记录为15,销售数量为"低"的记录为7,可表示为(15,7);有促销属性为"否"的条件下,销售数量为"高"的记录为3,销售数量为"低"的记录为9,可表示为(3,9)。则是否有促销属性的信息熵计算过程如下:

$$I(15,7) = -\frac{15}{22}\log_2\frac{15}{22} - \frac{7}{22}\log_2\frac{7}{22} = 0.902393$$

$$I(3,9) = -\frac{3}{12}\log_2\frac{3}{12} - \frac{9}{12}\log_2\frac{9}{12} = 0.811278$$

$$E(是否有促销) = \frac{22}{34}I(15,7) + \frac{12}{34}I(3,9) = 0.870235$$

根据

$$\text{Gain}(A) = I(s_1, s_2, \cdots, s_m) - E(A)$$

计算天气、是否周末和是否有促销属性的信息增益值:

$\text{Gain}(天气) = I(18,16) - E(天气) = 0.997503 - 0.957043 = 0.04046$

$\text{Gain}(是否周末) = I(18,16) - E(是否周末) = 0.997503 - 0.858109 = 0.139394$

$\text{Gain}(是否有促销) = I(18,16) - E(是否有促销) = 0.997503 - 0.870235 = 0.127268$

(3)由计算结果可以知道是否周末属性的信息增益值最大,它的两个属性值"是"和"否"作为该根节点的两个分支。然后按照上面的步骤继续对该根节点的两个分支进行节点的划分,针对每一个分支节点继续进行信息增益的计算,如此循环反复,直到没有新的节点分支,最终构成一棵决策树。生成的决策树模型如图 5.18 所示。

根据决策树模型,得到如下分类结果:若周末属性为"是",天气为"好",则销售数量为"高";若周末属性为"是",天气为"坏",促销属性为"是",则销售数量为"高";若周末属性为"是",天气为"坏",促销属性为"否",则销售数量为"低";若周末属性为"否",促销属性为"否",则销售数量为"低";若周末属性为"否",促销属性为"是",天气为"好",则销售数量为"高";若周末属性为"否",促销属性为"是",天气为"坏",则销售数量为"低"。

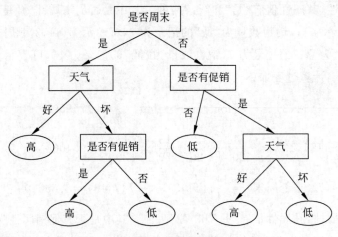

图 5.18 决策树模型

决策树模型的 MATLAB 程序实现代码如下：

```
clear ;
function [ matrix,attributes,activeAttributes ] = id3_preprocess( )
attributes = txt(1,2:end);
activeAttributes = ones(1,length(attributes) - 1);
data = txt(2:end,2:end);
[rows,cols] = size(data);
matrix = zeros(rows,cols);
for j = 1:cols
    matrix(:,j) = cellfun(@trans2onezero,data(:,j));
end
end
function flag = trans2onezero(data)
    if strcmp(data,'坏') || strcmp(data,'否')...
        || strcmp(data,'低')
        flag = 0;
        return ;
    end
    flag = 1;
end
function [ tree ] = id3( examples, attributes, activeAttributes )
if (isempty(examples));
    error('必须提供数据!');
end
numberAttributes = length(activeAttributes);
numberExamples = length(examples(:,1));
tree = struct('value', 'null', 'left', 'null', 'right', 'null');
lastColumnSum = sum(examples(:, numberAttributes + 1));
if (lastColumnSum == numberExamples);
    tree.value = 'true';
    return
end
```

```
        if (lastColumnSum == 0);
            tree.value = 'false';
            return
    end
    if (sum(activeAttributes) == 0);
        if (lastColumnSum >= numberExamples / 2);
            tree.value = 'true';
        else
            tree.value = 'false';
        end
        return
    end
    p1 = lastColumnSum / numberExamples;
    if (p1 == 0);
        p1_eq = 0;
    else
        p1_eq = -1 * p1 * log2(p1);
    end
    p0 = (numberExamples - lastColumnSum) / numberExamples;
    if (p0 == 0);
        p0_eq = 0;
    else
        p0_eq = -1 * p0 * log2(p0);
    end
    currentEntropy = p1_eq + p0_eq;
    gains = -1 * ones(1,numberAttributes);
    for i = 1:numberAttributes;
        if (activeAttributes(i))
            s0 = 0; s0_and_true = 0;
            s1 = 0; s1_and_true = 0;
            for j = 1:numberExamples;
                if (examples(j,i));
                    s1 = s1 + 1;
                    if (examples(j, numberAttributes + 1));
                        s1_and_true = s1_and_true + 1;
                    end
                else
                    s0 = s0 + 1;
                    if (examples(j, numberAttributes + 1));
                        s0_and_true = s0_and_true + 1;
                    end
                end
            end
            if (~s1);
                p1 = 0;
            else
                p1 = (s1_and_true / s1);
            end
            if (p1 == 0);
                p1_eq = 0;
```

```matlab
            else
                p1_eq = -1 * (p1) * log2(p1);
            end
            if (~s1);
                p0 = 0;
            else
                p0 = ((s1 - s1_and_true) / s1);
            end
            if (p0 == 0);
                p0_eq = 0;
            else
                p0_eq = -1 * (p0) * log2(p0);
            end
            entropy_s1 = p1_eq + p0_eq;
            if (~s0);
                p1 = 0;
            else
                p1 = (s0_and_true / s0);
            end
            if (p1 == 0);
                p1_eq = 0;
            else
                p1_eq = -1 * (p1) * log2(p1);
            end
            if (~s0);
                p0 = 0;
            else
                p0 = ((s0 - s0_and_true) / s0);
            end
            if (p0 == 0);
                p0_eq = 0;
            else
                p0_eq = -1 * (p0) * log2(p0);
            end
            entropy_s0 = p1_eq + p0_eq;
            gains(i) = currentEntropy - ((s1/numberExamples) * entropy_s1) - ((s0/
numberExamples) * entropy_s0);
        end
end
[~, bestAttribute] = max(gains);
tree.value = attributes{bestAttribute};
activeAttributes(bestAttribute) = 0;
examples_0 = examples(examples(:,bestAttribute) == 0,:);
examples_1 = examples(examples(:,bestAttribute) == 1,:);
if (isempty(examples_0));
    leaf = struct('value', 'null', 'left', 'null', 'right', 'null');
    if (lastColumnSum >= numberExamples / 2); % for matrix examples
        leaf.value = 'true';
    else
        leaf.value = 'false';
```

```
        end
        tree.left = leaf;
    else
        tree.left = id3(examples_0, attributes, activeAttributes);
    end
    if (isempty(examples_1));
        leaf = struct('value', 'null', 'left', 'null', 'right', 'null');
        if (lastColumnSum >= numberExamples / 2);
            leaf.value = 'true';
        else
            leaf.value = 'false';
        end
        tree.right = leaf;
    else
        tree.right = id3(examples_1, attributes, activeAttributes);
    end
    return
End
function [nodeids_, nodevalue_] = print_tree(tree)
global nodeid nodeids nodevalue;
nodeids(1) = 0; % 根节点的值为0
nodeid = 0;
nodevalue = {};
if isempty(tree)
    disp('空树!');
    return ;
end
queue = queue_push([], tree);
while ~isempty(queue)
    [node, queue] = queue_pop(queue);
    visit(node, queue_curr_size(queue));
    if ~strcmp(node.left, 'null')
        queue = queue_push(queue, node.left);
    end
    if ~strcmp(node.right, 'null')
        queue = queue_push(queue, node.right);
    end
end
nodeids_ = nodeids;
nodevalue_ = nodevalue;
end
function visit(node, length_)
    global nodeid nodeids nodevalue;
    if isleaf(node)
        nodeid = nodeid + 1;
        fprintf('叶子节点,node: %d\t,属性值: %s\n', ...
        nodeid, node.value);
        nodevalue{1, nodeid} = node.value;
    else
        nodeid = nodeid + 1;
```

```
            nodeids(nodeid + length_ + 1) = nodeid;
            nodeids(nodeid + length_ + 2) = nodeid;
            fprintf('node: %d\t 属性值: %s\t,左子树为节点:node%d,右子树为节点:node%d\n'
, ...
            nodeid, node. value,nodeid + length_ + 1,nodeid + length_ + 2);
            nodevalue{1,nodeid} = node. value;
        end
    end
function flag = isleaf(node)
    if strcmp(node. left,'null') && strcmp(node. right,'null')
        flag = 1;
    else
        flag = 0;
    end
End
```

结果如图 5.19 所示。

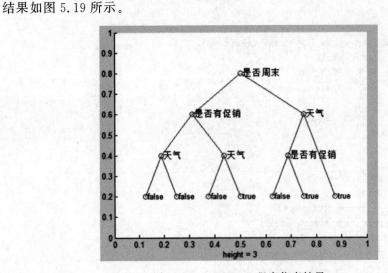

图 5.19　MATLAB 程序仿真结果

5.3　随机森林

5.2 节研究了决策树的相关内容,本节将详细研究随机森林(Random Forest,RF)。本节内容主要包括:

➤ 随机森林的定义及分类原理;

➤ 随机森林的收敛性;

➤ 随机森林的特性;

➤ 随机森林的构造方法;

➤ 随机森林的推广。

5.3.1　随机森林的基本概念

从决策树算法的介绍中可以发现,决策树有些与生俱来的缺点。

（1）分类规则复杂。

（2）收敛到非全局的局部最优解。

（3）容易出现过度拟合。

因此,很多学者通过聚集多个模型提高预测精度,这些方法称为组合(ensemble)或分类器组合(classifier combination)方法。组合方法首先利用训练数据构建一组基分类模型(base classifier),然后通过对每个基分类模型的预测值进行投票(因变量为分类变量时)或取平均值(因变量为连续数值变量时)决定最终预测值。

为了生成这些组合模型,通常需要生成随机向量控制组合中每个决策树的生长。Bagging 是早期组合树方法之一,又称自助聚集(bootstrap aggregating),是一种从训练集中随机抽取部分样本(不一定有放回抽样)生成决策树的方法。另外一种方法是随机分割选取,该方法是在每个节点从 k 个最优分割中随机选取一种分割。Breiman 通过从原始训练集中随机抽取输出变量得到新的训练集。Ho 对随机子空间(random subspace)方法做了很多研究,该方法通过对特征变量随机选取子集生成每棵决策树。Amit 和 Geman 定义了很多几何属性以及从这些随机选择属性中寻找每个节点的最优分割。该方法对 Breiman 在 1996 年提出随机森林起了很大的启发作用。

1. 随机森林的定义及分类原理

以上这些方法的一个共同特征是为第 k 棵决策树生成随机向量 θ_k,且 θ_k 独立同分布于前面的随机向量 $\theta_1,\theta_2,\cdots,\theta_{k-1}$。利用训练集和随机向量 θ_k 生成一棵决策树,得到分类模型 $h(X,\theta_k)$,其中 X 为输入变量(自变量)。比如,在 bagging 方法中随机向量 θ 可以理解为是通过随机扔 N 把飞镖在 N 个箱子上扔中的结果生成,其中 N 是训练集中的样本记录数。在生成许多决策树后,通过投票方法或取平均值作为最后结果,称这个为随机森林方法。

随机森林的组成元素为 n 棵决策树,每棵树的判断原理与单棵决策树决策并无较大差别,但是每棵树之间并不是完全相同。从原始训练样本集 N 中有放回地重复随机抽取 k 个样本生成新的训练样本集合,然后根据自助样本集生成 k 个分类树组成随机森林,新数据的分类结果按分类树投票多少形成的分数而定。其实质是对决策树算法的一种改进,将多个决策树合并在一起,每棵树的建立依赖于一个独立抽取的样品,森林中的每棵树具有相同的分布,分类误差取决于每一棵树的分类能力和它们之间的相关性。特征选择采用随机的方法分裂每一个节点,然后比较不同情况下产生的误差。能够检测到的内在估计误差、分类能力和相关性决定选择特征的数目。单棵树的分类能力可能很小,但在随机产生大量的决策树后,一个测试样品可以通过每一棵树的分类结果经统计后选择最可能的分类,如图 5.20 所示。

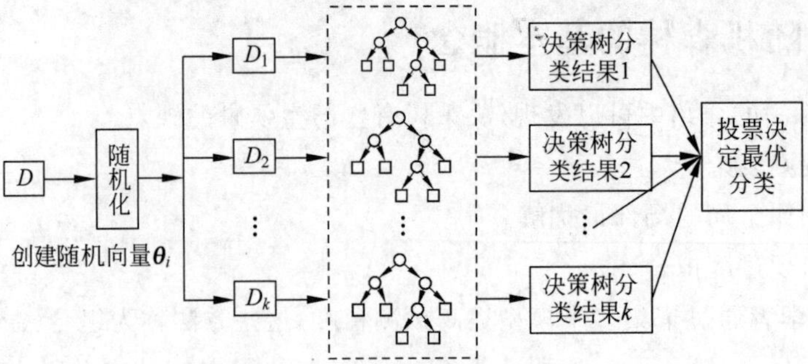

图 5.20　随机森林结构示意图

2. 随机森林的收敛性

给定一组分类模型 $\{h_1(\boldsymbol{X}), h_2(\boldsymbol{X}), \cdots, h_k(\boldsymbol{X})\}$，每个分类魔性的训练集都是从原始数据集 $(\boldsymbol{X}, \boldsymbol{Y})$ 随机抽样所得。则可以得到其余量函数（margin function）：

$$\mathrm{mg}(\boldsymbol{X}, \boldsymbol{Y}) = av_k I[h_k(\boldsymbol{X}) = Y] - \max_{j \neq k} av_k I[h_k(\boldsymbol{X}) = j]$$

余量函数用来度量平均正确分类数据超过平均错误分类数的程度。余量值越大，分类预测就越可靠。外推误差（泛化误差）可写成：

$$\mathrm{PE}^* = P_{\boldsymbol{X}, \boldsymbol{Y}}[\mathrm{mg}(\boldsymbol{X}, \boldsymbol{Y}) < 0]$$

当决策树分类模型足够多，$h_k(\boldsymbol{X}) = h(\boldsymbol{X}, \boldsymbol{\theta}_k)$ 服从于强大数定律。

【定理 5.1】证明，随着决策树分类模型的增加，所有序列 $\boldsymbol{\theta}_1, \boldsymbol{\theta}_2, \cdots, \boldsymbol{\theta}_k$，$\mathrm{PE}^*$ 几乎处处收敛于

$$P_{\boldsymbol{X}, \boldsymbol{Y}}\{P_{\boldsymbol{\theta}}[h(\boldsymbol{X}, \boldsymbol{\theta}) = Y] - \max_{j \neq k} P_{\boldsymbol{\theta}}[h(\boldsymbol{X}, \boldsymbol{\theta}) = j] < 0\}$$

证明：

可以证明对于所有的 $\boldsymbol{X}$，在序列空间 $\boldsymbol{\theta}_1, \boldsymbol{\theta}_2, \cdots$ 上，存在一个零概率集合 C（也就是在集合 C 外）使得：

$$\frac{1}{N}\sum_{n=1}^{N} I[h(\boldsymbol{\theta}_n, \boldsymbol{X}) = j] \to P_{\theta}[h(\boldsymbol{\theta}_n, \boldsymbol{X}) = j]$$

对于给定的训练集和给定的参数 θ 下，所有满足 $h(\boldsymbol{\theta}_n, \boldsymbol{X}) = j$ 的 X 集合是超矩阵（hyper-rectangles）的并。对于所有的 $h(\boldsymbol{\theta}, \boldsymbol{X})$，只存在一个有限数为 K 的超矩阵，记为 $S_1 S_2 \cdots S_k$。假如 $\{\boldsymbol{X}: h(\boldsymbol{\theta}, \boldsymbol{X}) = j\} = S_k$，定义 $\varphi(\boldsymbol{\theta}) = k$。令 N_k 为前 N 个实验中 $\varphi(\boldsymbol{\theta}_n) = k$ 的次数。则：

$$\frac{1}{N}\sum_{n=1}^{N} I[h(\boldsymbol{\theta}_n, \boldsymbol{X}) = j] = \frac{1}{N}\sum_{k} N_k I(\boldsymbol{X} \in S_k)$$

通过大数定理得：

$$N_k = \frac{1}{N} \sum_{n=1}^{N} I[\varphi(\boldsymbol{\theta}_n) = k]$$

几乎处处收敛于 $P_{\boldsymbol{\theta}}[\varphi(\boldsymbol{\theta}_n) = k]$。在所有集合的并上,给定一个零概率集合 C(也就是在集合 C 外)下,对所有的 k,收敛性不一定都存在。

$$\frac{1}{N} \sum_{n=1}^{N} I[h(\boldsymbol{\theta}_n, \boldsymbol{X}) = j] \rightarrow \sum_k P_{\theta}[\phi(\boldsymbol{\theta}_n) = k] I(\boldsymbol{X} \in S_k)$$

右边是 $P_{\boldsymbol{\theta}}[h(\boldsymbol{\theta}_n, \boldsymbol{X}) = j]$,所以得证。

这个定理说明了为什么 RFC 方法不会随着决策树的增加而产生过度拟合的问题,但要注意的是可能会产生一定限度内的泛化误差。

3. 随机森林的特性

随机森林具有以下优点。

(1) 在现有算法中,随机森林算法的精度是无可比拟的。

(2) 随机森林能够高效处理大数据集。

(3) 随机森林可以处理成千上万的输入属性。

(4) 随机森林在分类的应用中可以计算出不同变量属性的重要性。

(5) 在构建随机森林的过程中可以产生一个关于泛化误差的内部无偏估计。

(6) 当大量数据缺失的时候,随机森林采用高效的方法估计缺失的数据并保持着准确率。

(7) 在不平衡的数据集中,随机森林可以提供平衡误差的方法。

(8) 可以保存已经生成的随机森林,方便解决以后的问题。

(9) 原型(Prototype)的计算可以给出属性变量本身和分类的相关性。

(10) 计算样本实例之间的近似性(Proximity),可以用于聚类分析、异常分析或者数据的其他有趣的视图。

随机森林存在以下缺点。

(1) 在某些噪音比较大的样本集上,随机森林模型容易陷入过拟合。

(2) 取值划分比较多的特征容易对随机森林的决策产生更大的影响,从而影响拟合的模型的效果。

5.3.2　随机森林的构造方法

随机森林的构造方法具体步骤如下。

步骤 1:假如有 N 个样本,则有放回地随机选择 N 个样本(每次随机选择一个样本,然后返回继续选择)。选择好了的 N 个样本用来训练一个决策树,作为决策树根节点处的样本。

步骤 2:当每个样本有 M 个属性时,在决策树的每个节点需要分裂时,随机从这 M 个

属性中选取出 m 个属性,满足条件 $m \ll M$。然后从这 m 个属性中采用某种策略(比如说信息增益)来选择一个属性作为该节点的分裂属性。

步骤 3:决策树形成过程中每个节点都要按照步骤 2 进行分裂(很容易理解,如果下一次该节点选出来的那个属性是刚刚其父节点分裂时用过的属性,则该节点已经达到了叶节点,无须继续分裂了),一直到不能够再分裂为止。注意整个决策树形成过程中没有进行剪枝。

步骤 4:按照步骤 1~3 建立大量的决策树,这样就构成了随机森林了。

图 5.21 为重抽样的示意图。

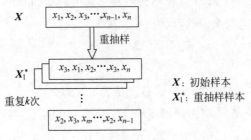

图 5.21　Bootstrap 重抽样示意图

从上面的步骤可以看出,随机森林的随机性体现在每棵树的训练样本是随机的,树中每个节点的分类属性也是随机选择的。有了这两个随机的保证,随机森林就不会产生过拟合的现象了。随机森林有两个参数需要人为控制,一个是森林中树的数量,一般建议取很大;另一个是 m 的大小,推荐 m 的值为 M 的均方根。

如果不进行随机抽样,每棵树的训练集都一样,那么最终训练出的树分类结果也是完全一样的。

如果不是有放回的抽样,那么每棵树的训练样本都是不同的,都是没有交集的,这样每棵树都是"有偏的",都是绝对"片面的"(当然这样说可能不对),也就是说每棵树训练出来都是有很大的差异的。而随机森林最后分类取决于多棵树(弱分类器)的投票表决,这种表决应该是"求同",因此使用完全不同的训练集来训练每棵树这样对最终分类结果是没有帮助的,这样无异于是"盲人摸象"。

随机森林分类效果(错误率)与两个因素有关。

(1) 森林中任意两棵树的相关性:相关性越大,错误率越大。

(2) 森林中每棵树的分类能力:每棵树的分类能力越强,整个森林的错误率越低。

减小特征选择个数 m,树的相关性和分类能力也会相应降低;增大 m,两者也会随之增大。所以关键问题是如何选择最优的 m(或者是范围),这也是随机森林唯一的一个参数。

构建随机森林的关键问题就是如何选择最优的 m,要解决这个问题主要依据计算袋外(Out-Of-Bag,OOB)错误率。

随机森林有一个重要的优点是,没有必要对它进行交叉验证或者用一个独立的测试集来获得误差的一个无偏估计。它可以在内部进行评估,也就是说在生成的过程中就可以对误差建立一个无偏估计。

在构建每棵树时,对训练集使用了不同的 bootstrap sample(随机且有放回地抽取)。所以对于每棵树而言(假设对于第 k 棵树),大约有 1/3 的训练实例没有参与第 k 棵树的生成,它们称为第 k 棵树的 OOB 样本。

而这样的采样特点就允许我们进行 OOB 估计,它的计算方式如下:

(1) 对每个样本,计算它作为 OOB 样本的树对它的分类情况(约 1/3 的树)。

(2) 以简单多数投票作为该样本的分类结果。

(3) 用误分个数占样本总数的比率作为随机森林的 OOB 误分率。

5.3.3　随机森林的推广

1. ET

ET(Extra Trees)是随机森林的一个变种,原理几乎和随机森林一模一样,仅有区别如下。

(1) 对于每个决策树的训练集,随机森林采用的是随机采样 bootstrap 选择采样集作为每个决策树的训练集,而 ET 一般不采用随机采样,即每个决策树采用原始训练集。

(2) 在选定了划分特征后,随机森林的决策树会基于基尼系数或均方差等原则,选择一个最优的特征值划分点,这和传统的决策树相同。但是 ET 比较激进,会随机地选择一个特征值划分决策树。

以二叉树为例,当特征属性是类别的形式时,随机选择具有某些类别的样本为左分支,而把具有其他类别的样本作为右分支;当特征属性是数值的形式时,随机选择一个处于该特征属性的最大值和最小值之间的任意数,当样本的该特征属性值大于该值时,作为左分支,当小于该值时,作为右分支。这样就实现了在该特征属性下把样本随机分配到两个分支上的目的。然后计算此时的分叉值(如果特征属性是类别的形式,可以应用基尼指数;如果特征属性是数值的形式,可以应用均方误差)。遍历节点内的所有特征属性,按上述方法得到所有特征属性的分叉值,选择分叉值最大的形式实现对该节点的分叉。从上面的介绍可以看出,这种方法比随机森林的随机性更强。

由于随机选择了特征值的划分点位,而不是最优点位,这样会导致生成的决策树的规模一般会大于随机森林所生成的决策树。也就是说,模型的方差相对于随机森林进一步减少,在某些时候,ET 的泛化能力比随机森林更好。

对于某棵决策树,由于它的最佳分叉属性是随机选择的,因此使用它的预测结果往往是不准确的,但多棵决策树组合在一起,就可以达到很好的预测效果。

当 ET 构建好以后,也可以应用全部的训练样本得到该 ET 的预测误差。这是因为尽管构建决策树和预测应用的是同一个训练样本集,但由于最佳分叉属性是随机选择的,所以仍然会得到完全不同的预测结果,用该预测结果就可以与样本的真实响应值比较,从而得到预测误差。如果与随机森林相类比的话,在 ET 中,全部训练样本都是 OOB 样本,所以计算 ET 的预测误差,也就是计算 OOB 误差。

这里仅仅介绍了 ET 算法与随机森林的不同之处,ET 算法的其他内容(如预测、OOB 误差的计算)与随机森林是完全相同的,具体内容可查看关于随机森林的介绍。

2. TRTE

TRTE(Totally Random Trees Embedding)是一种非监督学习的数据转化方法。它将低维的数据集映射到高维,从而让映射到高维的数据更好地运用于分类回归模型。在支持向量机中运用了核方法将低维的数据集映射到高维,此处 TRTE 提供了另外一种方法。

TRTE 在数据转化的过程也使用了类似于 RF 的方法,建立 T 棵决策树来拟合数据。当决策树建立完毕以后,数据集里的每个数据在 T 棵决策树中叶节点的位置也确定。如果有 3 棵决策树,每棵决策树有 5 个叶节点,某个数据特征 x 划分到第一棵决策树的第 2 个叶节点,第二棵决策树的第 3 个叶节点,第三棵决策树的第 5 个叶节点。则 x 映射后的特征编码为(0,1,0,0,0, 0,0,1,0,0, 0,0,0,0,1),有 15 维的高维特征。这里特征维度之间加上空格是为了强调 3 棵决策树各自的子编码。

映射到高维特征后,可以继续使用监督学习的各种分类回归算法了。

3. IForest

IForest(Isolation Forest)是一种异常点检测的方法。它也使用了类似随机森林的方法检测异常点。

1) IForest 算法原理

IForest 属于非参数化(non-parametric)和无监督(unsupervised)的方法,既不用定义数学模型也不需要有标记的训练。对于如何查找哪些点是否容易被孤立(isolated),IForest 使用了一套非常高效的策略。假设用一个随机超平面切割数据空间(data space),切一次可以生成两个子空间。继续用一个随机超平面切割每个子空间,循环下去,直到每个子空间里面只有一个数据点为止。直观上讲,可以发现那些密度很高的簇被切分很多次才会停止切割,但是密度很低的点很早就停到一个子空间了。

IForest 算法得益于随机森林的思想,与随机森林由大量决策树组成一样,IForest 森林也由大量的二叉树组成,IForest 中的树称为 ITree(Isolation Tree),ITree 和决策树不太一样,其构建过程也比决策树简单,是一个完全随机的过程。

假设数据集有 N 条数据,构建一棵 ITree 时,从 N 条数据中均匀抽样(一般是无放回抽样)出 n 个样本出来,作为这棵树的训练样本。在样本中,随机选出一个特征,并在这个特征的所有值范围内(最小值和最大值之间)随机选一个值,对样本进行二叉划分,将样本中小于该值的划分到节点的左边,大于或等于该值的划分到节点的右边。由此得到一个分裂条件和左右两边的数据集,然后分别在左右两边的数据集上重复上面的过程,直到数据集只有一条记录或者达到了树的限定高度。

由于异常数据较小且特征值和正常数据差别很大。因此,构建 ITree 的时候,异常数据离根更近,而正常数据离根更远。一棵 ITree 的结果往往不可信,IForest 算法通过多次抽样,构建多棵二叉树。最后整合所有树的结果,并取平均深度作为最终的输出深度,由此计算数据点的异常分支。

2) Isolation Forest 算法步骤

怎么切割这个数据空间是 IForest 的设计核心思想,此处仅介绍最基本的方法,由于切割是随机的,所以需要用 ensemble 方法得到一个收敛值(蒙特卡洛方法),即反复从头开始切,然后平均每次切的结果。IForest 由 t 个 ITree 组成,每个 ITree 是一个二叉树结构,所以下面先介绍 ITree 的构建,然后再看 IForest 树的构建。

3) ITree 的构建

ITree 是一种随机二叉树,每个节点要么有两个孩子(即叶节点),要么一个孩子都没有。给定一堆数据集 D,这里 D 的所有属性都是连续型的变量,ITree 的构成过程如下。

(1) 随机选择一个属性 Attr。

(2) 随机选择该属性的一个值 Value。

(3) 根据 Attr 对每条记录进行分类,把 Attr 小于 Value 的记录放在左孩子,把大于或等于 Value 的记录放在右孩子。

(4) 然后递归地构造左孩子和右孩子,直到满足以下条件:传入的数据集只有一条记录或者多条一样的记录;树的高度达到了限定高度。

ITree 构建好之后,就可以对数据进行预测了。预测的过程就是把测试记录在 ITree 上,看看测试记录在哪个叶节点。ITree 能有效检测异常的假设是:异常点一般都是稀有的,在 ITree 中会很快被划分到叶节点。注意,异常点一般来说是稀疏的,因此可以用较小次划分把它们归结到单独的区域中,或者说只包含它的空间的面积较大。

因此可以利用叶节点到根节点的路径 $h(x)$ 长度判断一条记录 x 是否是异常点(也就是根据 $h(x)$ 判断 x 是否是异常点)。对于一个包含 n 条记录的数据集,其构造的树的高度最小值为 $\log(n)$,最大值为 $n-1$,用 $\log(n)$ 和 $n-1$ 归一化不能保证有界和不方便比较,所以用复杂一点的归一化公式:

$$S(x,n) = 2^{-\frac{h(x)}{c(n)}}$$
$$c(n) = 2H(n-1) - [2(n-1)/n]$$
$$H(k) = \ln(k) + \zeta$$

其中,$S(x,n)$ 为记录 x 在 n 个样本的训练数据构成的 ITree 的异常指数,$S(x,n)$ 取值范围为 $[0,1]$;$\zeta = 0.5772156649$。

记录 x 在由 n 个样本的训练数据构成 ITree 的异常指数,取值范围为 $[0,1]$,异常情况的判断分以下几种情况。

(1) 越接近 1 表示是异常点的可能性高。

(2) 越接近 0 表示是正常点的可能性高。

(3) 如果大部分的训练样本的 $S(x,n)$ 都接近于 0.5,说明整个数据集都没有明显的异常值。

如果是随机选属性,随机选属性值,一棵树这么随机选肯定不行,但是把多棵树结合起来就变得强大了。

4) IForest 的构建

给定一个包含 n 条记录的数据集 D,构造 IForest 和随机森林的方法有点类似,都是随机采样一部分数据集去构造一棵树,保证不同树之间的差异性,不过 IForest 与随机森林不同,采样的数据量 P_{si} 不需要等于 n,可以远远小于 n。

图 5.22(a)是原始数据,图 5.22(b)是采样数据,蓝色是正常样本,红色是异常样本。可以看到,在采样之前,正常样本和异常样本出现重叠,因此很难分开。但采样之后,异常样本和正常样本可以明显地分开。

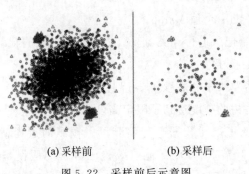

(a) 采样前　　　　　　　　(b) 采样后

图 5.22　采样前后示意图

构造 IForest 的步骤如下。

(1) 从训练数据中随机选择 n 个点样本作为子采样(subsample),放入树的根节点。

(2) 随机指定一个维度(attribute),在当前节点数据中随机产生一个切割点 p,切割点产生于当前节点数据中指定维度的最大值和最小值之间。

(3) 以此切割点生成了一个超平面,然后将当前节点数据空间划分为 2 个子空间:把指定维度里面小于 p 的数据放在当前节点的左孩子,把大于或等于 p 的数据放在当前节点的右孩子。

(4) 在孩子节点中递归步骤(2)和(3),不断构造新的叶节点,直到叶节点中只有一个数据(无法再继续切割)或者叶节点已达限定高度。

除了限制采样大小之外,还要给每棵 ITree 设置最大高度,这是因为异常数据记录都比较少,其路径长度也比较低,因此只需要把正常记录和异常记录区分开来,关心低于平均高度的部分就好,这样算法效率更高。这样调整之后,计算需要一点点改进。

获得 t 个 ITree 之后,IForest 训练就结束,然后用生成的 IForest 评估测试数据。对于一个训练数据 X,令其遍历每一棵 ITree,然后计算 X 最终落在每棵树第几层(X 在树的高度)。可以得到 X 在每棵树的高度平均值(average path length over the ITree)。

5)IForest 特性

(1)IForest 具有线性时间复杂度,因为是随机森林的方法,所以可以用于含有海量数据的数据集,通常树的数量越多,算法越稳定。由于每棵树都是互相独立生成的,因此可以部署在大规模分布式系统上来加速运算。

(2)IForest 仅对即全局稀疏点(global anomaly)敏感,不擅长处理局部的相对稀疏点(local anomaly),这样在某些局部异常点较多时检测可能不是很准。同时,IForest 不适用于特别高维的数据,由于每次切割数据空间都是随机选取一个维度和该维度的随机一个特征,建完树后仍然有大量的维度没有被使用,导致算法可靠性降低。

(3)IForest 不适用于特别高维的数据。由于每次切割数据空间都是随机选取一个维度,建完树后仍然有大量的维度信息没有被使用,导致算法可靠性降低。高维空间还可能存在大量噪音维度或者无关维度(irrelevant attributes),影响树的构建。

(4)IForest 推动了重心估计(mass estimation)理论,目前在分类聚类和异常检测中都取得显著效果。

(5)IForest 算法主要有两个参数:二叉树的个数;训练单棵 ITree 时抽取样本的数目。实验表明,当设定为 100 棵树,抽样样本为 256 条的时候,IForest 在大多数情况下都可以取得不错的效果,这也体现了算法的简单高效。

(6)IForest 是无监督的检测算法,目前是异常点检测最常用的算法之一。在实际应用中,并不需要黑白标签。需要注意的是:如果训练样本中异常样本的比例比较高,违背了先前提到的异常检测的基本假设,可能会影响最终的效果;异常检测与具体的应用场景紧密相关,算法检测出的"异常"不一定是实际想要的,所以在特征选择时,需要过滤不太相关的特征,以免识别出一些不相关的"异常"。

5.3.4　随机森林的相关应用与 MATLAB 算例

1. 应用实例 1

```
clear;
clc;
close all;
load imports - 85;
Y = X(:,1);
X = X(:,2:end);
isCategorical = [zeros(15,1);ones(size(X,2) - 15,1)]; % Categorical variable flag
tic
```

```
leaf = 5;
ntrees = 200;
fboot = 1;
disp('Training the tree bagger')
b = TreeBagger(ntrees, X, Y, 'Method', 'regression', 'oobvarimp', 'on', 'surrogate', 'on', 'minleaf',
leaf, 'FBoot', fboot);
toc
disp('Estimate Output using tree bagger')
x = Y;
y = predict(b, X);
toc
cct = corrcoef(x, y);
cct = cct(2, 1);
disp('Create a scatter Diagram')
plot(x, x, 'LineWidth', 3);
hold on
scatter(x, y, 'filled');
hold off
grid on
set(gca, 'FontSize', 18)
xlabel('Actual', 'FontSize', 25)
ylabel('Estimated', 'FontSize', 25)
title(['Training Dataset, R^2 = ' num2str(cct^2, 2)], 'FontSize', 30)
drawnow
fn = 'ScatterDiagram';
fnpng = [fn, '.png'];
print('-dpng', fnpng);
tic
disp('Sorting importance into descending order')
weights = b.OOBPermutedVarDeltaError;
[B, iranked] = sort(weights, 'descend');
toc
disp(['Plotting a horizontal bar graph of sorted labeled weights.'])
figure
barh(weights(iranked), 'g');
xlabel('Variable Importance', 'FontSize', 30, 'Interpreter', 'latex');
ylabel('Variable Rank', 'FontSize', 30, 'Interpreter', 'latex');
title(...
    ['Relative Importance of Inputs in estimating Redshift'],...
    'FontSize', 17, 'Interpreter', 'latex'...
    );
hold on
barh(weights(iranked(1:10)), 'y');
barh(weights(iranked(1:5)), 'r');
grid on
xt = get(gca, 'XTick');
xt_spacing = unique(diff(xt));
xt_spacing = xt_spacing(1);
yt = get(gca, 'YTick');
ylim([0.25 length(weights) + 0.75]);
```

```
xl = xlim;
xlim([0 2.5 * max(weights)]);
for ii = 1:length(weights)
    text(...
        max([0 weights(iranked(ii)) + 0.02 * max(weights)]),ii,...
        ['Column ' num2str(iranked(ii))],'Interpreter','latex','FontSize',11);
end
set(gca,'FontSize',16)
set(gca,'XTick',0:2 * xt_spacing:1.1 * max(xl));
set(gca,'YTick',yt);
set(gca,'TickDir','out');
set(gca, 'ydir', 'reverse' )
set(gca,'LineWidth',2);
drawnow
fn = 'RelativeImportanceInputs';
fnpng = [fn, '.png'];
print(' - dpng',fnpng);
disp('Ploting out of bag error versus the number of grown trees')
figure
plot(b.oobError,'LineWidth',2);
xlabel('Number of Trees','FontSize',30)
ylabel('Out of Bag Error','FontSize',30)
title('Out of Bag Error','FontSize',30)
set(gca,'FontSize',16)
set(gca,'LineWidth',2);
grid on
drawnow
fn = 'EroorAsFunctionOfForestSize';
fnpng = [fn, '.png'];
print(' - dpng',fnpng);
```

结果如图 5.23 所示。

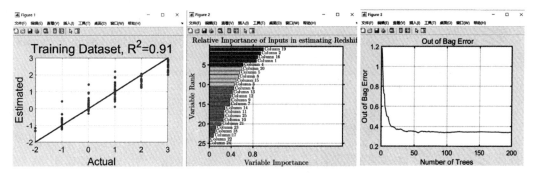

图 5.23 MATLAB 代码实现结果图

2. 应用实例 2

```
clear all;
rnode = cell(3,1);
sn = 300;
```

```
tn = 10;
load('aaa.mat');
n = size(r,1);
discrete_dim = [];
for j = 1:tn
    Sample_num = randi([1,n],1,sn);
    SData = r(Sample_num,:);
    [tree,discrete_dim] = train_C4_5(SData, 5, 10, discrete_dim);
    rnode{j,1} = tree;
end
load('aaa.mat');
T = r;
TData = roundn(T, -1);
result = statistics(tn, rnode, TData, discrete_dim);
gd = T(:,end);
len = length(gd);
count = sum(result == gd);
fprintf('共有 %d 个样本,判断正确的有 %d\n',len,count);
function [tree,discrete_dim] = train_C4_5(S, inc_node, Nu, discrete_dim)
    train_patterns = S(:,1:end-1)';
    train_targets = S(:,end)';
    [Ni, M] = size(train_patterns);
    inc_node = inc_node * M/100;
    if isempty(discrete_dim)
corresponding dimension on the test patterns
        discrete_dim = zeros(1,Ni);
        for i = 1:Ni
            Ub = unique(train_patterns(i,:));
            Nb = length(Ub);
            if (Nb <= Nu)
            end
        end
    end
flag = [];
tree = make_tree(train_patterns, train_targets, inc_node, discrete_dim, max(discrete_dim),
0, flag);
function tree = make_tree(patterns, targets, inc_node, discrete_dim, maxNbin, base, flag)
[N_all, L] = size(patterns);
    if isempty(flag)
        N_choose = randi([1,N_all],1,0.5 * sqrt(N_all));
        Ni_choose = length(N_choose);
        flag.N_choose = N_choose;
        flag.Ni_choose = Ni_choose;
    else
        N_choose = flag.N_choose;
        Ni_choose = flag.Ni_choose;
    end
    Uc = unique(targets);
    tree.dim = 0;
    tree.split_loc = inf;
```

```
    if isempty(patterns)
        return
    end
        if ((inc_node > L) | (L == 1) | (length(Uc) == 1))
        H = hist(targets, length(Uc));
        [m, largest] = max(H);
        tree.Nf = [];
        tree.split_loc = [];
        tree.child = Uc(largest);
        return
    end
    for i = 1:length(Uc)
        Pnode(i) = length(find(targets == Uc(i))) / L;
    end
log2(9/14) - 5/14 * log2(5/14) = 0.940
    Inode = - sum(Pnode. * log(Pnode)/log(2));
        delta_Ib      = zeros(1, Ni_choose);
        split_loc     = ones(1, Ni_choose) * inf;
    for i_idx = 1:Ni_choose
        i = N_choose(i_idx);
        data      = patterns(i, :);
        Ud        = unique(data);
        Nbins     = length(Ud);
        if (discrete_dim(i))
            P      = zeros(length(Uc), Nbins);
            for j = 1:length(Uc)
                for k = 1:Nbins
                    indices = find((targets == Uc(j)) & (patterns(i, :) == Ud(k)));
                    P(j,k) = length(indices);
                end
            end
            Pk = sum(P);
            P1 = repmat(Pk, length(Uc), 1);
            P1 = P1 + eps * (P1 == 0);
            P = P./P1;
            Pk = Pk/sum(Pk);
            info = sum(- P. * log(eps + P)/log(2));
            delta_Ib(i_idx) = (Inode - sum(Pk. * info))/( - sum(Pk. * log(eps + Pk)/log(2)));
        else
            P = zeros(length(Uc), 2);
            [sorted_data, indices] = sort(data);
            sorted_targets = targets(indices);
            I = zeros(1,Nbins);
            delta_Ib_inter      = zeros(1, Nbins);
            for j = 1:Nbins - 1
                P(:, 1) = hist(sorted_targets(find(sorted_data <= Ud(j))) , Uc);
                P(:, 2) = hist(sorted_targets(find(sorted_data > Ud(j))) , Uc);
                Ps = sum(P)/L;
                P = P/L;
                Pk = sum(P);
```

```matlab
                    P1 = repmat(Pk, length(Uc), 1);
                    P1 = P1 + eps * (P1 == 0);
                    info = sum( - P./P1. * log(eps + P./P1)/log(2));
                    I(j) = Inode - sum(info. * Ps);
                    delta_Ib_inter(j) = I(j)/( - sum(Ps. * log(eps + Ps)/log(2)));
                end
            [~, s] = max(I);
                delta_Ib(i_idx) = delta_Ib_inter(s);
                split_loc(i_idx) = Ud(s);
            end
        end
[m, dim]     = max(delta_Ib);
dims         = 1:Ni_choose;
dim_all = 1:N_all;
dim_to_all = N_choose(dim);
tree.dim = dim_to_all;
Nf           = unique(patterns(dim_to_all,:));
Nbins      = length(Nf);
tree.Nf = Nf;
tree.split_loc = split_loc(dim);
if (Nbins == 1)
    H = hist(targets, length(Uc));
    [m, largest] = max(H);
    tree.Nf = [];
    tree.split_loc = [];
    tree.child = Uc(largest);
    return
end
    if (discrete_dim(dim_to_all))
        for i = 1:Nbins
            indices = find(patterns(dim_to_all, :) == Nf(i));
            tree.child(i) = make_tree(patterns(dim_all, indices), targets(indices), inc_
node, discrete_dim(dim_all), maxNbin, base, flag);
    else
        indices1 = find(patterns(dim_to_all,:) <= split_loc(dim));
        indices2 = find(patterns(dim_to_all,:) > split_loc(dim));
        if ~(isempty(indices1) | isempty(indices2))
            tree.child(1) = make_tree(patterns(dim_all, indices1), targets(indices1), inc_
node, discrete_dim(dim_all), maxNbin, base + 1, flag);
            tree.child(2) = make_tree(patterns(dim_all, indices2), targets(indices2), inc_
node, discrete_dim(dim_all), maxNbin, base + 1, flag);
        else
            H = hist(targets, length(Uc));
            [m, largest] = max(H);
            tree.child = Uc(largest);
            tree.dim = 0;
        end
end
function [result] = statistics(tn, rnode, PValue, discrete_dim)
    TypeName = {'1','2'};
```

```
        TypeNum = [0 0];
        test_patterns = PValue(:,1:end-1)';
        class_num = length(TypeNum);
        type = zeros(tn,size(test_patterns,2));
        for i = 1:tn
            type(tn,:) = vote_C4_5(test_patterns, 1:size(test_patterns,2), rnode{i,1},
discrete_dim, class_num);
        end
        result = mode(type,1)';
end
function targets = vote_C4_5(patterns, indices, tree, discrete_dim, Uc)
    targets = zeros(1, size(patterns,2));
    if (tree.dim == 0)
        % Reached the end of the tree
        targets(indices) = tree.child;
        return
    end
    dim = tree.dim;
    dims = 1:size(patterns,1);
    if (discrete_dim(dim) == 0)
        in = indices(find(patterns(dim, indices) <= tree.split_loc));
        targets = targets + vote_C4_5(patterns(dims, :), in, tree.child(1), discrete_dim
(dims), Uc);
        in = indices(find(patterns(dim, indices) > tree.split_loc));
        targets = targets + vote_C4_5(patterns(dims, :), in, tree.child(2), discrete_dim
(dims), Uc);
    else
        Uf = unique(patterns(dim,:));
        for i = 1:length(Uf)
            if any(Uf(i) == tree.Nf)
                in = indices(find(patterns(dim, indices) == Uf(i)));
                targets = targets + vote_C4_5(patterns(dims, :), in, tree.child(find(Uf
(i) == tree.Nf)), discrete_dim(dims), Uc);
            end
        end
    end
```

结果如图 5.24 所示。

```
共有464个样本，判断正确的有427
>> 427/464

ans =

    0.9203
```

图 5.24　算法样本数据判断正确率